中國古代
鹽運聚落
與建筑
研究叢書

国家出版基金项目
NATIONAL PUBLICATION FOUNDATION

中国古代盐运聚落与建筑研究丛书

丛书主编　赵逵

福建

盐运古道上的聚落与建筑

赵逵　李雯　著

四川大学出版社
SICHUAN UNIVERSITY PRESS

图书在版编目（CIP）数据

福建盐运古道上的聚落与建筑 / 赵逵，李雯著 . 一
成都 ： 四川大学出版社，2023.7
（中国古代盐运聚落与建筑研究丛书 / 赵逵主编）
ISBN 978-7-5690-6250-2

Ⅰ．①福… Ⅱ．①赵… ②李… Ⅲ．①聚落环境一关
系一古建筑一研究一福建 Ⅳ．① X21② TU-092.2

中国国家版本馆 CIP 数据核字（2023）第 140537 号

书　　　名：福建盐运古道上的聚落与建筑
　　　　　　Fujian Yanyun Gudao Shang de Juluo yu Jianzhu
著　　　者：赵　逵 李　雯
丛 书 名：中国古代盐运聚落与建筑研究丛书
丛书主编：赵　逵

出 版 人：侯宏虹
总 策 划：张宏辉
丛书策划：杨岳峰
选题策划：杨岳峰
责任编辑：宋彦博
责任校对：李畅炜
装帧设计：墨创文化
责任印制：王　炜

出版发行：四川大学出版社有限责任公司
　　　　　地址：成都市一环路南一段 24 号（610065）
　　　　　电话：（028）85408311（发行部）、85400276（总编室）
　　　　　电子邮箱：scupress@vip.163.com
　　　　　网址：https://press.scu.edu.cn
审 图 号：GS（2023）3841 号
印前制作：成都墨之创文化传播有限公司
印刷装订：四川宏丰印务有限公司

成品尺寸：170mm×240mm
印　　张：11.5
字　　数：176 千字

版　　次：2023 年 9 月 第 1 版
印　　次：2023 年 9 月 第 1 次印刷
定　　价：80.00 元

扫码获取数字资源

四川大学出版社
微信公众号

　　"文化线路"是近些年文化遗产领域的一个热词，中国历史悠久，拥有丝绸之路、茶马古道、大运河等众多举世闻名的文化线路，古盐道也是其中重要一项。盐作为百味之首，具有极其重要的社会价值，在中华民族辉煌的历史进程中发挥过重要作用。在中国古代，盐业经济完全由政府控制，其税收占国家总体税收的十之五六，盐税收入是国家赈灾、水利建设、公共设施修建、军饷和官员俸禄等开支的重要来源，因此现存的盐业文化遗产也非常丰富且价值重大。

　　正因为盐业十分重要，中国历史上产生了众多的盐业文献，如汉代《盐铁论》、唐代《盐铁转运图》、宋代《盐策》、明代《盐政志》、《清盐法志》、近代《中国盐政史》等。与此同时，外国学者亦对中国盐业历史多有关注，如日本佐伯富著有《中国盐政史研究》、日野勉著有《清国盐政考》等。遗憾的是，既往的盐业研究主要集中在历史、经济、文化、地理等单学科领域，而从地理、经济等多学科视角对盐业聚落、建筑展开综合研究尚属空白。

华中科技大学赵逵教授带领研究团队多次深入各地调研，坚持走访盐业聚落，测绘盐业建筑，历时近二十年。他们详细记录了每个盐区、每条运盐线路的文化遗产现状，绘制了数百张聚落和建筑的精准测绘图纸。他们还运用多学科研究方法，对《清盐法志》所记载的清代九大盐区内盐运聚落与建筑的分布特征、形态类别、结构功能等进行了系统研究，深入挖掘古盐道所蕴含的丰富历史信息和文化价值。这其中，既有纵向的历时性研究，也有横向的对比研究，最终形成了这套"中国古代盐运聚落与建筑研究丛书"。

"中国古代盐运聚落与建筑研究丛书"全面反映了赵逵教授团队近二十年的实地调研成果，并在此基础上进行了理论探讨，开辟了中国盐业文化遗产研究的全新领域，具有很高的学术研究价值和突出的社会效益，对于古盐道沿线相关聚落和建筑文化遗产的保护也有重要的促进作用，值得期待。

（汪悦进：哈佛大学艺术史与建筑史系洛克菲勒亚洲艺术史专席终身教授）

2023 年 9 月 20 日

序二

人的生命体离不开盐，人类社会的演进也离不开盐的生产和供给，人类生活要摆脱盐产地的束缚就必须依赖持续稳定的盐运活动。

古代盐运道路作为一条条生命之路，既传播着文明与文化，又拓展着权力与税收的边界。中国古盐道自汉代起就被官方严格管控，详细记录，这些官方记录为后世留下了丰富的研究资料。我们团队主要以清代各盐区的盐业史料为依据，沿着古盐道走遍祖国的山山水水，访谈、拍照、记录无数考察资料，整理形成这套充满"盐味"的丛书。

古盐道延续数千年，与我国众多的文化线路都有交集，"茶马古道也叫盐茶古道""大运河既是漕运之河，也是盐运之河""丝绸之路上除了丝绸还有盐"，这样的叙述在我们考察古盐道时常能听到。从世界范围看，人类文明的诞生地必定与其附近的某些盐产地保持着持续的联系，或者本身就处在盐产地。某地区吃哪个地方产的盐，并不是由运输距离的远近决定的，而是由持续运输的便利程度决定的。这背后综合了山脉阻隔、河运断续、战争破坏等各方面因素，这便意味着，吃同一种盐的人有更频繁的交通往来、更多的交流机会与更强的文化认同。盐的运输跨越省界、国界、族界，食盐如同文化的显色剂，古代盐区的分界与地域文化的分界往往存在若明若暗的契合关系。因为文化的传播范围同样取决于交通的可达范围，盐的运输通道同时也是文化的传播通道，盐的运销边界也就成为文化的传播边界，从"盐"的视角出发，可以更加方便且直观地观察我国的地域文化分区。

另外，盐的生产和运输与许多城市的兴衰都有密切关系。如上海浦东，早期便是沿海的重要盐场。元代成书的《熬波图》就是以浦东下沙盐场为蓝本，书中绘制的盐场布局图应是浦东最早的历史地图，图中提到的大团、六灶、盐仓等与盐场相关的地名现在依然可寻。此外，天津、济南、扬州等城市都曾是各大盐区最重要的盐运中转地，盐曾是这些城市历史上最重要的商品之一，而像盐城、海盐、自贡这些城市，更是直接因盐而生的。这样的城市还有很多，本丛书都将一一提及。

盐的分布也带给我们一些有趣的地理启示。

海边滩涂是人类晒盐的主要区域，可明清盐场随着滩涂外扩也在持续外移。滩涂外扩是人类治理河流、修筑堤坝等原因造成的，这种外扩的速度非常惊人。如黄河改道不过一百多年，就在东营入海口推出了一座新的城市。我从小生活在东营胜利油田，四十年前那里还是一望无际的盐碱地，只有"磕头机"在默默抽着地底的石油。待到研究《山东盐法志》我才知道，我生活的地方在清代还是汪洋一片，早期的盐场在利津、广饶一带，距海边有上百里地，而东营胜利油田不过是黄河泥沙在海中推出的一座"天然钻井平台"，这个平台如今还在以每年四千多亩新土地的增速继续向海洋扩张。同样的地理变迁也发生在辽河、淮河、长江、西江（珠江）入海口，盐城、下沙盐场（上海浦东）、广州等产盐区如今都远离了海洋，而江河填海区也大多发现了油田，这是个有意思的现象，盐、油伴生的情况也同样发生在内陆盆地。

盐除了存在于海洋，亦存在于所有无法连通海洋的湖泊。中国已知有一千五百多个盐湖，绝大多数分布在西藏、新疆、青海、内蒙古等地人迹罕至的区域，胡焕庸线以东人类早期大规模活动地区的盐湖就只剩下山西运城盐湖一处，为什么会这样？因为所有河流如果流不进大海，就必定会流入盐湖，只有把盐湖连通，把水引入海洋，盐湖才会成为淡水湖（海洋可理解为更大的盐湖）。人类和大型哺乳动物都离不开盐，在人类早期活动区域原本也有很多盐湖，如古书记载四川盆地就有古蜀海，但如今汇入古蜀海的数百条河流都无一例外地汇入长江入海，古蜀海消失了；同样的情景也发生在两湖盆地，原本数百条河流汇入古云梦泽，而如今也都通过长江流入大海，古云梦泽便消失了；关中盆地（过去有盐泽）、南阳盆地等也有类似情况。这些盆地现今都发现蕴藏有丰富的盐业资源和石油资源，推测盆地早期是海洋环境（地质学称"海相盆地"），那么这些盆地的盐湖、盐泽哪里去了？地理学家倾向于认为是百万至千万年前的地质变化使其消失的，可为什么在人类活动区盐湖都通过长江、黄河、淮河等河流入海了，而非人类活动区的盐湖却保存了下来？实际上，在人类数千年的历史记载中，"疏通河流"一直都是国家大事，如对长江巫山、夔门和黄河三门峡，《水经注》《本蜀论》《尚书·禹贡》中都有大量人类在此导江入海的记载，而我们却将其归为了神话故事。从卫星地图看，这些峡口也是连续山脉被硬生生切断的地方，这些神话故事与地理事实如此巧合吗？如果知晓长江疏通前曾因堰塞而使水位抬升，就不难解释巫山、奉节、巴东一带的悬棺之谜、悬空栈道之谜了。有关这个问题，本丛书还会有所论述。

盐、油（石油）、气（天然气）大多在盆地底部或江河入海口共生，海盐、池盐的生产自古以日晒法为主，而内陆的井盐却是利用与盐共生的天然气（古称"地皮火"）熬制，卤井与火井的开采及组合利用，充分体现了我国古人高超的科技智慧，这或许也是中国最早的工业萌芽，是前工业时代的重要遗产，值得深度挖掘。

本丛书主要依据官方史料，结合实地调研，对照古今地图，首次对我国古代盐道进行大范围的梳理，对古盐道上的盐业聚落与盐业建筑进行集中展示与研究，在学科门类上，涉及历史学、民族学、人类学、生态学、规划学、建筑学以及遗产保护等众多领域；在时间跨度上，从汉代盐铁官营到清末民国盐业经济衰退，长达两千多年。开创性、大范围、跨学科、长时段等特点使得本丛书涉及面很广，由此我们在各书的内容安排上，重在研究盐业聚落与盐业建筑，而于盐史、盐法为略，其旨在为整体的研究提供相关知识背景。据《清史稿》《清盐法志》记载，清代全国分为十一大盐区：长芦、奉天（东三省）、山东、两淮、浙江、福建、广东、四川、云南、河东、陕甘。因东北在清代地位特殊，长期实行"盐不入课，场亦无纪"，而陕甘土盐较多，盐法不备，故这两大盐区由官府管理的盐运活动远不及其他九大盐区发达，我们的调研收获也很有限，所以本丛书即由长芦等九大盐区对应的九册图书构成。关于盐区还要说明的是，盐区是古代官方为方便盐务管理而人为划定的范围，同一盐区更似一种"盐业经济区"，十一大盐区之外的我国其他地区同样存在食盐的产运销活动，只是未被纳入官方管理体制，其"盐业经济区"还未成熟。

　　十八年前，我以"川盐古道"为研究对象完成博士论文而后出版，在学界首次揭开我国古盐道的神秘面纱，如今，我们将古盐道研究扩及全国，涉及九大盐区，首次将古人的生活史以盐的视角重新展示。食盐运销作为古代大规模且长时段的经济活动，对社会政治、经济、文化产生了深远的影响。古盐道研究是一个巨大的命题，我们的研究只是揭开了这个序幕，希望通过我们的努力，能够加深社会公众对于中国古代盐道丰富文化内涵的认知和对于盐运与文化交流传播关系的重视，促进古盐道上现存传统盐业聚落与建筑文化遗产的保护，从而推动我国线性文化遗产保护与研究事业的进步。

于哈佛

2023 年 8 月 22 日

《中国盐政史》指出，"闽省东南滨海皆为产盐区域"。福建拥有绵长的海岸线，其海盐生产历史悠久，可追溯至仰韶文化时期。福建盐区也是全国最先采用海盐制作新技术的盐区，在中国盐业史上占有特殊地位。

福建海防卫所与盐业管理关系密切，许多盐户即军户。福建也是最早在沿海执行"开中制"的盐区和防区。福建的海洋贸易使其周边离岸岛屿也成为盐产地与盐销地，有着丰富的海盐生产资料。因此，福建的"海洋文化"与"海盐文化"有着密不可分的联系。

福建是中国水系最封闭的省份，具有十分独特的地域文化。其河流全段基本都位于本省，独流入海。永嘉之乱后，中原汉族南迁八闽的序幕逐渐拉开。他们或越过武夷山脉，或漂洋过海，奔向八闽大地。在此过程中，北方移民与八闽世居族群在交往中融合，农耕文明与海洋文明在交流中升华。海洋环境赋予了福建盐商开拓进取的精神，鼓舞他们不畏艰险，穿行在锯齿般的山脉中，沿着水路将食盐从闽东南沿海运输到闽西北山区。

水运乃闽盐运输之根本，这些发源自福建本土山脉、独流入海的江河，带着食盐与文化，打破了丘陵地貌所导致的交流阻隔。闽盐古道不仅是一条沟通八闽大地不同盐区的商路，也是一条从古至今持续刺激闽东南沿海与闽西北山区文化交流的线路。

本书的特色主要体现在以下三个方面：

第一，结合古今地图，特别是清乾隆十一年（1746 年）《闽省盐场全图》，力求还原福建盐业聚落与建筑形态。岁月已逝，大量盐业遗迹已消失在历史洪流中，唯有地图与盐业志还忠实地诉说着曾经存在的盐业文化。《闽省盐场全图》出自官方盐务机构，详细描绘了各盐场属地及盐场中的盐丘、晒盐所、露堆、盐仓等建筑。据此可对福建盐业聚落与建筑进行详细分析，而它们正是闽盐文化的外在体现，也是研究福建沿海聚落的古老样本。

第二，关注福建盐商在盐运线路文化交流中的纽带作用。明清福建盐业的政商分离带给盐商介入盐场建设事业的契机，推动了单一的生产空间向场镇化发展。盐商频繁往来于固定线路，使得处于同一线路上的聚落空间共同构成一个彼此联系和相互依托的系统，从而带动了沿线地区的文化交流。

第三，注重盐运分区与地域文化边界的关系，即交通的可达范围就是地域文化的辐射范围。若一条河流符合近盐场和可通航的条件，那么盐商必然会利用此条水道运盐，所以闽盐运销分区基本依照流域范围划分，高山峻岭常常成为盐区的天然边界。各盐区形成了不同的地域文化，又表现出一定的文化趋同性。

本书能够出版，首先应该感谢赵逵工作室的全体成员，是大家的共同努力和研究积累，丰富和充实了本书内容。特别要感谢张钰老师，她在团队实地调研过程中给予了全方位的后勤支持，在书稿策划、出版协调过程中亦付出了大量的精力和心血。此外，对李雨萌同学在后期书稿修订和孟姝凡同学在地图整理与信息标示方面付出的努力，在此也一并致谢。

希望通过本书的出版，能深化学术界、文化部门、社会公众对于闽盐古道这条文化线路的认识，为沿线聚落、建筑等历史遗存的整体保护尽一份绵薄之力。

目录
MU
LU

目录

第一章

福建盐业概述

福建位于中国东南沿海，拥有长达三千七百多千米的海岸线，其上分布着众多海盐盐场。在整个中国盐业史中，福建盐业的地位不可小觑。受到外围武夷山脉的影响，福建的食盐产销几乎自成一体，由此形成福建盐区（图1-1），其运销线路基本沿河流展开，或进行海上运输。

本书所探讨的清代福建盐区，是除汀州府、台湾府外的八府二州，包括福州府、兴化府、泉州府、漳州府、建宁府、邵武府、福宁府、延平府、龙岩州、永春州（即今除龙岩市西部和三明市西南部外的福建省全境）。

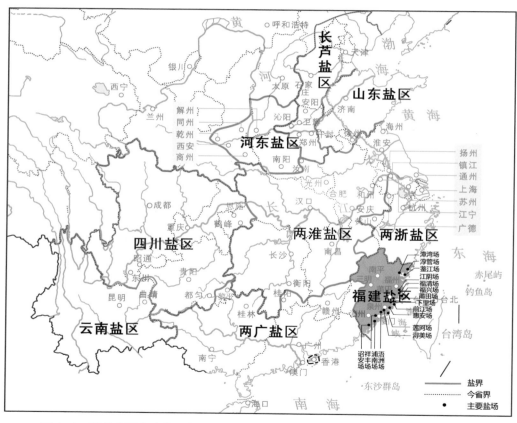

图1-1　清代全国九大盐区范围及福建盐区主要区域与重要盐场位置示意图①

---

① 各盐区的范围在不同时期不断有调整，本图是综合清代各盐区盐法志的记载信息绘制的大致示意图。具体研究时，应根据当时的文献记载和实践情况来确定实际范围。

第一节

福建盐区概况

一、福建盐区的自然地理条件

（一）水文条件

从古至今，水运在整个交通运输系统中起着关键性的作用。相较于内陆盐区，靠近海洋的盐区更能享受"鱼盐之利"，其盐商更可行"舟楫之便"。福建盐区正是在一片独具特色的水文地脉之中孕育出了不同于中原农耕文明的海洋精神。

福建盐区水系相对独立，其境内河流不在中国三大水系——长江、黄河、珠江水系之中，而大多发源于武夷山脉。除了汀江流入广东，交溪（古称长溪）发源于浙江、入海于福建，其余水系大多自成体系，独流入海。福建盐区的河流纵横交错，大多"短而壮"，水量大且湍急，这是不同于其他盐区水文条件的地方。

在福建盐区中，闽江是食盐自东向西运输的重要通道，而闽江的三大支流——沙溪、建溪、富屯溪（古称邵武溪），则可将食盐带到远离海岸线的西部山区等地。此外，九龙江、汀江、晋江、交溪（长溪）等水系，作为闽盐从东向西转运的次要通道，为远离主要盐场的运输港口提供了方便，共同完善了福建盐区的盐运系统（图1-2）。

图1-2 福建省河流分布

（二）山形特征

　　福建盐区重峦叠嶂，群峰林立。福建西部与江西交界之处，有东北—西南走向的武夷山脉，最高处达2000多米，这条山脉将福建盐区与淮南盐区划分开来；鹫峰山脉—戴云山脉—博平岭山脉自东北向西南贯穿整个福建中部，其中鹫峰山脉是福建西路盐区和东路盐区的分界线；而位于福建西南部的玳瑁山脉和博平岭山脉则将两广盐区与福建盐区的漳龙帮盐区划分开来（图1-3）。

图1-3　福建省山脉形势

福建的山脉如同锯齿一般，而河流则在这些"锯齿"中来回穿行。这些"破碎"的山脉给福建盐运商人带来了不小的风险。

（三）海盐资源

福建负山面海，地狭少耕，对于临海而居的福建人来说，海洋自然是他们赖以生存的基本生活资料的来源。福建多港湾滩涂，拥有非常丰富的海盐资源。据清《福建盐法志》记载，清道光年间，福建盐区的盐场共有 16 个（不包括台湾地区数据），其中晒盐场 13 个、煎盐场 3 个。

中国的海岸线绵长，但并非所有靠近海岸线的地方都适合建造港口。平原地带的海岸线线直沙多，港口容易淤堵。而福建因为其得天独厚的地形条件，拥有 3700 多千米长的海岸线和 2000 多个大大小小的岛屿，其海岸线曲折蜿蜒，岛屿星罗棋布，且港湾沙少水深，适合船舶停靠。这便为福建盐业的发展提供了有利条件。

二、福建盐区的历史沿革

根据福建出土的煮盐器具，福建的海盐生产历史最早可以追溯到仰韶文化时期。[①] 但因为现存的文献资料中缺少有关先秦时期海盐生产的内容，所以这些考古发现只能证明闽越先民当时已经掌握了煎盐煮盐的技术，而不一定具有产业化生产海盐的能力。

唐朝时期，国家统一，其经济和文化也高度发展，榷盐的收入是国家财政的重要来源。而在海盐、池盐、井盐盐税收入排名中，海盐占据着首位。福建盐区属于唐代江南道（辖苏、

---

① 朱去非. 中国海盐科技史考略 [J]. 盐业史研究, 1994（3）: 47–54.

杭、越、明、台、温、福、泉等数十州）的一部分。根据史料记载，福建盐区中产盐的县主要包括福州府下的长乐、连江、长溪、侯官四县以及泉州府下的晋江、南安两县（图1-4）。汉代至隋代，海盐产地北多南少，从唐代开始，长江以南比长江以北多了10个产盐的县，形成南多北少的局面。

图1-4 唐代福建产盐县今址

北宋时期，行政区划发生了很大的变化，朝廷置福建路，辖福州、建州、泉州、南剑州、汀州、漳州六州及邵武、兴化两军。盐场主要分布在福州、泉州、漳州、兴化军。其中福州管辖的产盐县除了唐朝就有的长乐、长溪、连江三县，新增了福清、罗源、宁德三县。因为福清和长乐临近闽江，更加便于运输，不必涉险入海，所以这两县是北宋时期最主要的产盐地。此外，泉州的产盐县有晋江、同安、惠安三县，漳州有龙溪、漳浦两县，兴化军有莆田县。这一时期，福建盐区拥有 12 个产盐县（图 1-5A）。

A. 宋代

元代政府对福建盐区的管理更加规范。载于史料的盐场有7个，即海口场、牛田场、上里场、惠安场、浔美场、浯洲场、丙洲场（图1-5B）。与此同时，政府还设立了都转运盐使司对各地的盐场进行管控。

明清时期，福建盐业发展至鼎盛阶段。明代发明了埕坎晒盐法，清代福建盐场前后总计有21个，为历史最多。此外，

B. 元代

图1-5　宋代及元代福建产盐县今址

明清时期，尤其在清代，朝廷多次改革福建盐政，不断强化对福建盐业的管控，其变革之频繁和实施情况之复杂，也是其他盐区少见的。

三、福建盐业的生产技术

历史上，福建盐业技术的发展决定了其食盐生产的规格和规模。宋朝至明清年间，闽盐生产技术经历多次变化，由煎盐发展为晒盐，复变为埕坎晒盐。

宋朝至明朝初期，福建地区的盐场基本采用传统的煎盐法制盐，而到了明弘治年间，许多盐场改煎为晒。晒盐法不仅节省了煎盐法中的柴薪支出，还提高了食盐的产量。但是晒盐法仍需要准备卤水，整体工作量依旧相当庞大。明万历年间，埕坎晒盐法出现。此法省去了准备卤水的工序，大大降低了劳动强度，进一步提高了制盐效率，因而替代了晒盐法，被迅速推广到福建各个产盐区。此时，福建盐区中的牛田场、浔美场、丙洲场、浯洲场均采用埕坎晒盐的模式。

清代，福建盐区的盐场中，"漳湾、淳管、鉴江三场盐用煎法，谓之细盐"[①]，而"闽盐十三场及台湾五场皆用晒法，谓之大盐"[②]。具体来看，清道光年间在册的福建盐区盐场共有 16 个（不包括台湾地区数据，图 1-6），其中晒盐场 13 个、煎盐场 3 个。福清县的福清场、江阴场、福兴场，莆田县的莆田场、下里场、前江场，晋江县的浔美场，惠安县的惠安场，同安县的浯洲场、祥丰场，南安县的莲河场，漳浦县的浦南场

---

① （清）佚名.福建盐法志 [M]// 于浩.稀见明清经济史料丛刊：第 1 辑第 29 册.北京：国家图书馆出版社，2012：310.

② （清）佚名.福建盐法志 [M]// 于浩.稀见明清经济史料丛刊：第 1 辑第 29 册.北京：国家图书馆出版社，2012：309.

及诏安县的诏安场等盐场为晒盐场。宁德县的漳湾场、霞浦县的淳管场及罗源县的鉴江场，因背靠太姥山脉，方便就近取柴煎盐，所需成本亦不会过高，所以这三场虽是后起，但仍采用煎盐法制盐。

图 1-6　清道光年间福建盐区盐场今址

福建盐业管理

一、福建食盐运销

（一）福建食盐运销范围

食盐运销范围的划定有其特殊原则。《两淮盐法志》云："前人定界时，非不知运道有远近，卖价有贵贱，但所定之界，水路则有关津，陆路则有山隘，差可借以稽察遮拦。"[1] 由此可知，政府对于盐区范围的设定不同于普通的行政区划。食盐运销范围及路线的确定是综合考虑地理环境、交通条件及稽私管理的结果。食盐的运销必须限于规定的区域，不可以跨区销售。

闽盐历来仅在本省内行销，其对外发展受到了外围山脉和海洋的影响——武夷山将福建与外省分隔开来，因此，除汀州府划给两广盐做行销区外，福建盐区的食盐都是自产自销。明代，福建盐区包括八府，即"福、兴、泉、漳，大海为疆，则产盐之区也；延、建、邵、汀，重山是依，则行盐之界也"[2]。由这段历史记载来看，延平、建宁、邵武、汀州是纯粹的行盐区，而福州、兴化、泉州、漳州不仅是行盐区，也是产盐区。清代，闽省行政区划有所调整，但福建盐区范围变化不大。

（二）福建食盐运销管理

1. 明代闽盐销售从官专卖制转向民营化

明朝初期，政府继承前代盐法，对食盐实行官专卖制度。政府在全国

---

① （清）王定安.两淮盐法志：卷四十三 [M].清光绪三十一年刻本.
② （明）周昌晋.福建鹾政全书：卷上 [M].明天启七年活字印本.

各地设立都转运盐使司来负责食盐运销。福建都转运盐使司下有黄崎、水口、黄港分司，且明代福建盐区的七个盐场均设有相应的盐课司。然而，尽管明政府严令禁止私自销售食盐，福建境内还是出现了私盐泛滥的情况。官运官销的专卖制度使得福建盐区内部灶商与官府的矛盾逐渐激化。

与此同时，"开中法"作为明初最重要的食盐运销制度，到了福建盐区则难以推行，出现了"开中不行，食盐积压"的现象。福建盐官迫于朝廷压力，在下四场中的浔美、惠安、丙洲三场实行"盐课折米"（表1-1），将闽盐折充福建卫所官兵的军饷。因此，即便到了清朝，在朝廷不断裁撤卫所的背景下，福建盐场周边不少卫所并未被裁撤，而是进行了保留。其实，自古以来盐课就是军政之需。

表 1-1　福建盐场"盐课折米"一览表

盐场名	盐额 / 引	折米 / 斗	折银 / 两
浔美场	7352	7352	514
惠安场	33611	33611	1680
丙洲场	14976	14976	748

注：据明江大鲲修《福建运司志》整理。名为折米，实际当中也有部分盐课折银。盐课改折之法后期多有变动。

虽然"盐课折米"解决了私盐泛滥与军饷短缺的问题，但明政府还是发现了食盐官专卖制的不少问题。到了明代中期，福建盐区埕坎晒盐法的出现，给食盐销售由官专卖制转向民营化提供了重要的物质基础。新的产盐技术的出现，使得福建盐区的产盐量大大上升，附海的灶户可以轻易地筑坎晒盐。

明中后期，政府又多次对福建食盐运销政策进行改革，商人可以持"印信小票"代"引"，直接进入盐场买盐。自此开始，福建盐区食盐运销渐有民营化趋势。但是在这一时期，"正盐"依旧把握在官府手中，商人和灶户之间的自由交易仅限于盐场超产积累的"余盐"。

自明后期开始，在福建盐业经济体系中，食盐生产民营化逐渐占据上风，但始终因灶户势力弱等原因而未得到正式确立。随着明代盐政多次改革，盐商的作用逐渐突显出来，后来成为清代福建盐区负责食盐运销的主要力量。

2. 清代福建引盐、票盐之分

清初，福建食盐运销沿袭明制，但由于地方势力与官府之间的矛盾一直未解决，盐课拖欠严重。雍正五年（1727 年），闽浙总督高其倬率先在福建开启了新一轮的商运改革，开始在福建内部招募水客进行食盐运销，并辅以"官运"。因为在雍正元年（1723 年）政府即已撤除盐商和盐官，所以这里的"官运"不再是由盐务衙署掌管，而是由县政府官员来负责。

乾隆七年（1742 年），福建确定了招商行引盐法：在户部登记造册的盐商持盐引即可在规定的区域内运销食盐。闽浙总督那苏图将福建盐引大致划分为正引、余引及额外余引三种形式。正引又叫作额引，是清代盐商贩盐的凭证之一，清政府会根据福建引地大小、人口多少来确定每岁额销的盐；余引则是根据雍正十年（1732 年）招募水客时定下的盈余盐而确定的盐引；额外余引即除开正盐、盈余盐之外多征收的额外盐的盐引[①]。清政府对这三种盐的运销管理都有非常规范的安排，对福建各个盐场的盐产量也都有明确的规定。

到了晚清时期，左宗棠在福建仿行两淮盐区的票盐法，

---

① 叶锦花. 雍正、乾隆年间福建食盐运销制度变革研究 [J]. 四川理工学院学报：社会科学版，2013，28（3）：37-44.

使得福建盐区也开始了相应的改革，其主要内容为行票盐法，废除部引，改用福建盐法道贩票。同治四年（1865 年），改革自福建盐区的东南路、县澳商帮开始，继后完成西路、南路等帮会的招贩改票工作。

二、明清福建盐政变革

明清时期，中国盐业制度的演变极为复杂。因不同盐区存在差异，故各地的改革政策会依据当地的实际情况而有所调整。如两淮盐区，整体盐政受制于森严的区域管理条例，因此两淮盐区在明代采用晒盐法，行票盐制且对运输线路有严格规定。福建盐区因为自然地理原因，出现边缘化的现象，管理中多有变通。福建的制盐技术在明初就改煎为晒，而食盐运输则更加灵活，甚至在清代之前闽南地区就由各商帮运输食盐，没有明晰的条例规定运输线路。故此明清福建的盐政改革主要围绕生产和运销的管理而展开。

福建的食盐生产，除制盐技术经历了前文提到的变革外，其生产管理也有变化。因为埕坎晒盐法的出现，福建盐业经济逐渐转向民营化，明政府允许原本用柴薪煮盐的灶户以银代盐，自此，福建沿海灶户摆脱了传统盐法的束缚，官府对附海灶户的管控也减弱了。

埕坎晒盐法的出现令制盐成本大大降低，而食盐生产管理的改革使普通的灶户人家就可轻而易举地"私设埕坎"。《福建运司志》卷十三《条陈盐法助边疏略》中记载，每年私盐的贩运量为登记在册的食盐的五倍。福建各盐场的盐课折银对官营盐场的打击极大，之前灶户所生产的盐全部由政府统一收购，而现在灶户只需上缴银钱即可自行生产私盐。

　　直到康熙年间，福建的食盐运销仍以商运商销为主。而到了雍正年间，食盐运销制度被彻底改变，朝廷裁汰盐务衙门各员，盐政归地方州县管理，同时禁止盐商行盐，准许百姓直接向灶户购买食盐，但百姓到盐场买盐要先缴纳盐课。其后，又招募水客运销食盐。乾隆年间，盐商专卖制度才在福建盐区确立。晚清时期，又因盐商困乏，盐务疲敝，左宗棠在福建参照两江总督陶澍整顿两淮盐务之法实行票运，整顿盐场，成效显著。

　　综观明清时期福建盐区的盐政变革历程，其变革次数多且力度大，这一方面反映出福建盐业的发展需要新的制度来保障，另一方面则更多地反映出政府对福建盐业管理的加强。

福建盐商及其活动

一、福建盐商

自明中叶开始，福建因推行"开中法"而招商纳粮中盐。福建盐区中，盐产地集中在闽东南沿海地区，行盐则要远涉他地，几乎遍及除汀州府外的福建地区。此时，运销食盐的商人根据行盐路线的不同分为海商和水商：海商主要是承担海上运输任务的盐商，而水商主要将海商运来的食盐通过闽江等水系运往省内其他地区。到了明末清初，因为海上倭寇肆虐，战乱不停，清政府于顺治八年（1651 年）开始实行迁界令，盐商和灶户逃亡殆尽。

雍正元年（1723 年），朝廷裁撤福建盐官、盐商。雍正五年（1727 年），福建招募水客运销食盐，水客即巡检司内部运输食盐的盐商。由于这些商人并未向户部申请持盐引，所以他们并非正统的盐商。招募的水客认领各自的销区运销食盐，几年过后，报户部审批，才能正式成为盐商。

乾隆七年（1742 年），清政府正式确立了福建盐区的盐商专卖制度，盐商逐渐成为福建盐区运销食盐的主体。嘉庆年间，盐商因不能如期上缴盐课而逐渐没落，盐官采取了许多办法来挽救盐务，但收效甚微。全面整顿福建盐务一事被提上了议程。同治四年（1865 年），左宗棠在福建实行票盐改革。票盐改革后，财力雄厚的世家大族开始介入食盐运销，福建盐务逐渐受到地方士绅控制，由此构建出新的官商关系。盐商家族为了彰显财力和祈求盐运顺利，会在福建行盐路线沿线兴建同乡会馆等建筑，对福建公共建筑的多元化发展做出了巨大贡献。除此之外，盐商还可以进入盐场直接参与监管，这对场治聚落逐渐走向市镇化也起到了重要作用。

自乾隆七年（1742年）清政府确立福建盐区的盐商专卖制度开始，福建盐区逐渐形成世袭盐商家族。根据清《福建盐法志》中的商籍统计（表1-2）可知，书中记载的35位盐商中，除了葛种义为邵武府建宁县人，剩下的34位盐商均为福州府的闽县或侯官县人，想必福州府商人因地缘、财力等优势，更容易获得福建盐区的食盐行销权。

表1-2 福建盐区部分盐商籍贯及行销点一览表

序号	商人	籍贯	行销点
1	王长丰	福州府闽县人	邵武县、光泽县
2	袁砺亨	福州府闽县人	将乐县
3	邱光裕	福州府闽县人	永安县，建阳县，南平县之徐洋、王台、西芹三埠
4	陈茂裕	福州府闽县人	尤溪县
5	李玉成	福州府闽县人	建安县，瓯宁县，浦城县，南平县之太平、平洋、杏溪等八埠
6	林定谟	福州府闽县人	崇安县，浦城县，南平县之徐洋、王台、西芹三埠
7	陈有容	福州府闽县人	光泽县，邵武县，建宁县，泰宁县，南平县之徐洋、王台、西芹三埠
8	林振新	福州府闽县人	浦城县、南平县之鹭鸶
9	吴保合	福州府闽县人	连江县，永福县，闽县壶江澳
10	丁长晖	福州府闽县人	光泽县、邵武县

（续表）

序号	商人	籍贯	行销点
11	何桂芳	福州府闽县人	光泽县、邵武县
12	冯本智	福州府闽县人	邵武县、光泽县
13	林万裕	福州府闽县人	邵武县、光泽县
14	陈和春	福州府闽县人	光泽县、邵武县
15	程茂裕	福州府闽县人	福清县之平潭
16	卓顺泉	福州府闽县人	永春州、德化县、大田县、南安县
17	谢敦仁	福州府闽县人	龙岩州
18	郑安远	福州府闽县人	沙县，崇安县，南平县之徐洋、王台、西芹三埠
19	何荣恩	福州府闽县人	邵武县、光泽县、建宁县、泰宁县、南平县之峡阳
20	卓春华	福州府闽县人	诏安县之云澳
21	陈恒裕	福州府闽县人	尤溪县
22	冯调元	福州府侯官县人	浦城县、古田县之黄田埠
23	萨彬云	福州府侯官县人	顺昌县
24	萨顺信	福州府侯官县人	光泽县、邵武县、南平县之鹭鸶
25	王卓安	福州府侯官县人	邵武县、光泽县、南平县之溪口
26	冯夔梅	福州府侯官县人	罗源县
27	吴顺源	福州府侯官县人	邵武县、光泽县
28	吴顺茂	福州府侯官县人	建宁县、泰宁县
29	卢谦益	福州府侯官县人	光泽县、邵武县
30	朱绍先	福州府侯官县人	建宁县、泰宁县
31	姜启祥	福州府侯官县人	建宁县、泰宁县
32	林世通	福州府侯官县人	闽县、侯官县、闽清县、宁德县、屏南县、福安县、松溪县、政和县、寿宁县、古田县东北一带
33	卢人和	福州府侯官县人	仙游县
34	蓝宗元	福州府侯官县人	漳平县、宁洋县
35	葛种义	邵武府建宁县人	建宁县、泰宁县

注：据清《福建盐法志·职官》整理。

二、明清福建盐商的行盐地界及聚集地

（一）明清福建盐商的行盐地界

福建盐商的行盐地界主要是在水运方便的沿江沿河县城，但是在不同时期又有所不同。

福建盐商会按照官府划分的区域，进行分县定商运销，不同区域之间禁止窜销。明中叶以后，政府将福建盐区大致划分为西路、东路、南路。西路盐商负责延平、邵武、建宁，此三府为福建官盐行销重地；东路盐商主要在福州府以东的福宁州活动；南路盐商则在福州及南部的泉州府和漳州府行销食盐。明正德年间，"汀州借行广盐"。根据地理可知，汀州府与福建省内其他府城被玳瑁山脉分隔开来，汀江虽发源于福建但入海于广东，从水运上更加方便行销粤盐。自此，汀州府被彻底从福建盐区中划出，清代亦因袭未改。到了顺治、康熙年间，东、西、南三路实行商运制度，并规定了各县澳盐区行盐线路。笔者根据明《福建鹾政全书》和清《福建盐法志》中的相关记述对明清福建商帮行盐地界进行了整理，结果如表1-3所示。

对比明清两代福建盐商行盐地界可知：

1. 明代福建盐商主要活动于西路

其主要原因有二：第一，明代福建盐场大多聚集在东南沿海地带，运盐便捷，行盐方便；第二，闽西、闽北为山区，路途遥远，运盐只能依靠水运，而闽江作为福建最大独流入海的河流，其支流纵横，延伸至福建西北大部分山区，是从古至今闽盐运输的主要航道。

商帮	明代行盐地界	清代行盐地界
西路商帮	●延平府：南平、顺昌、将乐、沙县、尤溪、永安 ●建宁府：建安、瓯宁、建阳、崇安、浦城 ●邵武府：邵武、光泽、建宁、泰宁	●延平府：南平、顺昌、将乐、沙县、尤溪、永安 ●建宁府：建安、瓯宁、建阳、崇安、浦城 ●邵武府：邵武、光泽、建宁、泰宁
东路商帮	●建宁府：松溪、政和、寿宁 ●福宁州：宁德、福安 ●福州府：罗源	●福宁府：霞浦、福鼎、福安、宁德 ●福州府：罗源
南路商帮	白石头、甘蔗洲、沙溪、芋原、洪塘、潭尾	●闽县、侯官
各县澳商帮	—	●福州府：长乐、福清、连江、闽清、永福、平潭等县商帮均在县内行盐 ●泉州府、漳州府等属县商帮亦在各自县内行盐

表 1-3　明清福建商帮行盐地界一览表

注：据明《福建鹾政全书·盐界》及清《福建盐法志·配运》整理。明代无县澳盐区的划分，清代将明代的南路分为南路和各县澳。

2. 清代福建盐商主要活动于西路、南路、东路

清代福建总共有过 21 个盐场，数量约为明代的两倍。南路盐区的盐场数量最多时高达 6 个，而东路盐区的盐场也有较大发展。因此，清代福建盐商除了主要在西路活动，也开始往南路和东路进行食盐运销活动。

3. 西路、南路盐区是明清福建盐商的重点活动区域

西路盐区面积最广，其地理环境复杂，运输时间长。西路山区所需的食盐等生活物资大多数来自福州。正因如此，经营西路的盐商也最多，表 1-2 中统计到的 35 位盐商中就有 22 位活动于此。西路的行盐利润也最为丰厚，清代福建通省盐课为 30 万两，其中多数由西路盐区贡献。

南路盐区地处闽江下游，在以河流运输为主的古代，是联系福建经济中心福州和闽江上游各地的重要地带，经济较为发达，运输便利，故盐商也多活动于此。

（二）明清福建盐商的聚集地

由前述内容可知，明清福建盐商主要在闽江流域、九龙江流域、晋江流域、交溪（长溪）流域进行食盐运销活动。由此，便形成了多个盐商聚集地（图 1-7）。

其中，靠近闽江及其支流的闽县、侯官县、南平县是福建盐商汇聚的大本营。负责西路、南路盐运的商人均要到闽县浦下关南台仓取盐。而福州商人多因承包食盐专卖起家，因此福州及其属县也是福建盐商活动较为密集的地方。西路本为福建盐区最重要的区域，而延平府府治南平县地处闽江三大支流交汇之处，水运便利，通达四方，故以南平县为中心，沿着闽江及其三大支流向外辐射的延平府核心地区也是盐商活动的密集区。

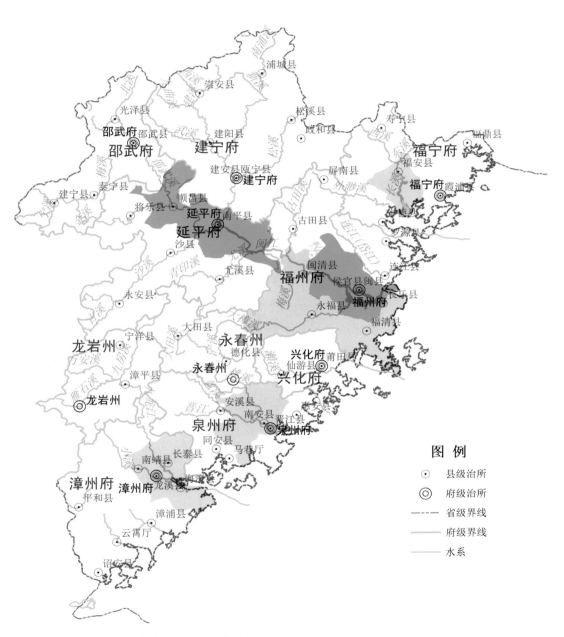

注：颜色越深，代表该区域盐商聚集度越高。

图1-7 清代福建盐区盐商聚集地

三、福建盐商活动对盐运古道沿线聚落和建筑的影响

（一）福建盐商与城镇发展

明清福建盐业运销政策有过多次改革，完成了盐业中的政商分离，这就为盐商资本的介入打开了大门，使盐商可以直接介入盐场的建设事业。明中叶，福建开始施行"开中法"，但当时盐商并不能直接进盐场购买食盐。到了清代，盐商专卖制逐步形成，盐商可以直接与丁户接触，收购丁户手中的余盐或者雇佣盐工进行生产，这对盐场的经济和场镇建设都有重要影响。正是福建盐商资本的介入，使得产盐聚落的人口数量、社会分工和管理方式都有了相应的改变，进而推动了单一的生产空间向场镇聚落发展的进程。

盐商的大力介入，使得原本只需要满足生产、管理需要的生产聚落快速发展，开始向场镇聚落转变，且不断完善。到了清中期，出现了集文化空间、管理空间、商业空间、宗教空间、军事空间、居住空间等为一体的市镇聚落。其中，商业空间在产盐聚落中发展得最为成熟，这与商人资本的介入有非常大的关系。

（二）福建盐商与建筑文化发展

随着清代福建盐商专卖制度的确立，盐商开始进出场镇空间，进行贸易活动。这些活动均会对当地建筑风格和建造技艺的发展产生一定影响。与此同时，盐商会置办田房，结交官绅，协助官员新建盐仓，捐修宗庙，建造同乡会馆等。

例如，现存位于福州市闽侯县的乌石山天后宫就是明清时期福建西路盐商开展祭祀活动的主要场所；位于泉州市山腰街的庄氏祠堂，即清代嘉庆年间富甲一方的盐商庄氏兴建的家庙；位于福州市三牧坊的凤池书院（现福州一中），是由清代盐官吴荣光与盐商共同修建的学舍。此外，清《福建盐法志》中的图说卷还绘制了书院、

　　道署等平面图，都是研究盐业建筑非常宝贵的资料。这些修建于不同时期、不同类型的盐业建筑是不同建筑文化交流融合的产物，具有建筑学、社会学、艺术学等多学科研究价值，是一类宝贵的文化遗产。

　　由此可见，盐商的运销活动不仅对盐区经济产生了影响，也促进了盐区城镇聚落的形成和建筑文化的发展。

第二章

福建盐运分区与盐运古道线路

福建盐运分区

　　根据清《福建盐法志》的记载，福建的盐场位于东部沿海，行盐地界在除汀州府外的其他省内州、府。行盐分为官运和商运。商运行盐过程一般是海商以海船将盐从盐场运至批验所，后由水商改用河船或溪船经省内各主要水系及其支流运到上游各县各埠。福建盐区整体可分为西路盐区、东路盐区、南路盐区、各县澳盐区四个次级分区（图2-1），商人按照官府划定的区域进行分帮运销。

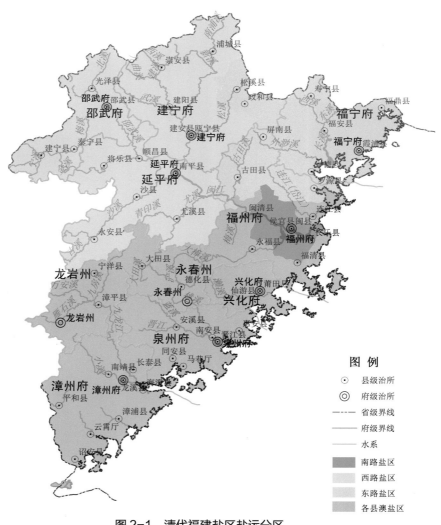

图2-1　清代福建盐区盐运分区

闽盐运销基本依靠水运，对其影响最大的就是闽江，因为闽江流域涵盖了闽西北大部分山区。同时闽江支流纵横交错，也是西路和南路盐区重要的水运通道。其次，晋江流域和九龙江流域涵盖了各县澳盐区，是该盐区水运的主要线路。最后，岱江、霍童溪（外渺溪）、交溪（长溪）以及闽东诸河是东路盐区的水运通道。根据福建盐区水系流域（图 1-2）与盐运分区（图 2-1）的对比可知，福建盐区的食盐运销分区基本是按照河流的流域来确定的。

除此之外，根据清《福建盐法志·疆域》的记载和福建盐区盐界（图 2-1）与府界（图 2-2）的对比，也可知清代福建盐区的食盐运销分区与行政区域划分大体对应。其中，西路盐区包含邵武府、延平府和建宁府（不含松溪、政和两县），东路盐区包含福宁府全域、建宁府下辖两县（松溪、政和）和福州府下辖三县（罗源、古田、屏南），南路盐区包含福州府下辖侯官、闽县两县，各县澳盐区包含兴化府、泉州府、漳州府、龙岩州和福州府下辖六县澳（闽清、永福、连江、壶江、福清、长乐）。

福建盐区内部次级分区的划分与福建行政区域划分也有一些不同之处。其一，松溪、政和两县归属建宁府却不属于西路盐区，而被划分到东路盐区；其二，罗源、古田、屏南三县归属福州府却不属于南路盐区，而被划分到东路盐区；其三，福州府下辖的闽清、永福、连江、壶江、福清、长乐不属于南路盐区，而属于各县澳盐区，南路盐区仅包括福州府的侯官、闽县两县。

盐界和府界有此差异的主要原因在于水运。建宁府下辖的松溪、政和两县，位于松溪流域和交溪（长溪）流域的交叉处，通过松溪、交溪（长溪）行盐远快于西路盐区的闽江水运。而

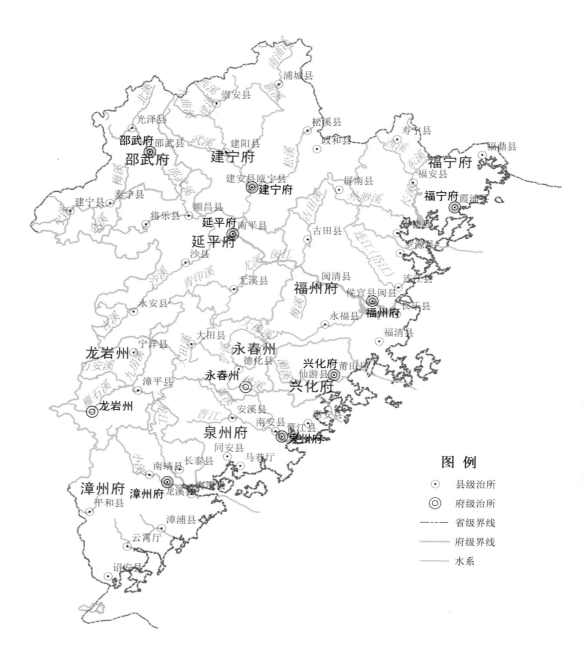

图2-2 清代福建盐区所涉各府

福州府下辖的罗源、古田、屏南三县也是因为霍童溪（外渺溪）的水运之利而被划分到东路盐区当中。因此，"东路福安帮兼销松溪、政和、寿宁。宁德帮兼销古田、屏南"[①]。

清政府划分福建盐区的次级分区时，除了以府界为主要基准，还考虑到了盐场与各县的距离远近。由此可见，食盐运销边界的划分与行政区划边界的划分所考虑的因素有所不同。

---

① （清）佚名 . 福建盐法志 [M]// 于浩 . 稀见明清经济史料丛刊：第 1 辑第 31 册 . 北京：国家图书馆出版社，2012：78.

福建盐运古道线路

唐代诗人李白曾叹道："噫吁嚱，危乎高哉！蜀道之难，难于上青天！"然而，福建人自古便认为闽道要难于蜀道，这并非空穴来风。福建西北面的武夷山脉形成一个半包围圈，鹫峰—戴云—博平岭山脉横亘在中间，闽商想要自如地穿行于其中实属不易。"闽道难"自然就成为古时入闽者和福建人的共同感慨。与陆上交通相比，福建的水上交通较为通畅，因此福建的食盐运销基本是围绕着主要河流流域展开的。

既然水运是福建盐区食盐运输的主要方式，那么官府必然要在福建省内主要关口设置掣验机构，对运盐的船只进行盘验查关。关口的设置一直是明清政府对福建食盐运销活动进行管理的重要举措，而清《福建盐法志》中对关口的描述反映了当时盐运管理的基本流线：

> 浦下、南水、石码三关验盘进口帮分：各帮海运场盐，其运进省港者，由浦下关验盘赴帮；运赴泉州府者，由南水关验盘赴帮；运赴漳州府者，由石码关验盘赴帮；亦有帮地沿海自场直运到帮，不由关口验盘者，如东路之宁德、福鼎、霞浦、罗源各帮及各县澳之长乐、福清、江阴、莆田、仙游、惠安、同安、平潭、连江并壶江澳、云霄、漳浦、诏安、海澄等各帮商运者，或由各县验盘，或由白石巡检验盘，官运者或由典史验盘，或由照磨验盘。[①]

---

① （清）佚名.福建盐法志[M]// 于浩.稀见明清经济史料丛刊：第1辑第30册.北京：国家图书馆出版社，2012：643-644.

根据史料记载，明清时期福建食盐水运线路上共设置了七个大的关口，即浦下关、西河关、水口关、建宁关、延平关、南水关、石码关。这些关口的位置皆在水运交通的重要节点处，如浦下关位于闽江下游的闽县，主要盘验运输南台仓食盐的盐船；南水关在晋江的两条支流——西溪和东溪的汇合处；石码关位于龙溪县九龙江的入海口处；延平关在闽江干流与支流的交汇处。由此可见，福建古代食盐运输深受其自然地理格局的影响，虽然险峻的山脉阻碍了陆上运输，但这里良好的水运条件却成就了闽盐古道。

福建盐区的西路、东路、南路和各县澳盐区均有自己的食盐行销线路和特点，但其运销流程大同小异，大都是先由海商到沿海地区的盐场取盐，再通过海上运输送至各府主要河流的关口盘验贮仓，最后由水商持盐引取盐，换乘小船通过内陆河流送往各个埠地。此外，各路盐区的食盐运输还分官运和商运：距离盐场较近的县城属于官运范围，运输方便；距离盐场较远的山区县城属于商运范畴，由盐商负责。清《福建盐法志》中对各路食盐的运输过程有详细描述。

> 各帮由海由溪运盐路径：
> 西路：延平府属南平、顺昌、将乐、沙县、尤溪、永安，建宁府属建安、瓯宁、建阳、崇安、浦城，邵武府属邵武、光泽、建宁、泰宁，一十五县为西路。各商自场运盐，由海船运至省城南台浦下湾泊江干，浦下设委官一员，按担盘贮南台仓，移交西河吊盐官，将正余盐吊入溪船，照运到县销卖。
> 东路：福宁府属之霞浦、福鼎、福安、宁德，福州府属之罗源，各商自场运盐，由海船直运到县销卖。
> 南路：闽、侯二县地方自场运盐，由海船运至

省城南台浦下湾泊江干，由浦下委员盘验，河船运赴各馆销卖。

各县澳：福州府属闽县之壶江帮并长乐、福清、连江、闽清、永福、平潭各帮与兴化、泉、漳、永、龙各府州属县为各县澳各官商行盐，自场运，由海至县。闽清、永福二县船盐运至浦下听委员盘吊河船，照运到县。惟晋江、安溪、永春、德化、大田、南安由泉州南水关盘入溪船，并龙溪、长泰、南靖、平和由石码转盘溪船，运赴各帮地销售。①

可以看出，福建食盐运销基本按照盐场—批验所—盐仓—埠地这样一个流程进行。根据分析，组成闽盐古道的主要节点包括盐场、关口、批验所、引地，河流会串联这些节点，形成一张完整而又严密的盐运线路网（图2-3）。

各路盐区的不同之处主要在于线路上所设置的关口和盐仓数量不同。其中，西路和南路需借闽江进行食盐运销，因此闽江及其支流上的关口和盐仓是最多且最密集的，东路、各县澳也各自设置有一两个关口。这些盘验盐船的关口各司其职，其中海运场盐进省港者由浦下关掣验，赴漳州府者由石码关掣验，赴泉州府者由南水关掣验，而水口关地处东西路盐区分界线之上，稽查尤为严格。

① （清）佚名.福建盐法志[M]//于浩.稀见明清经济史料丛刊：第1辑第30册.北京：国家图书馆出版社，2012：461-463.

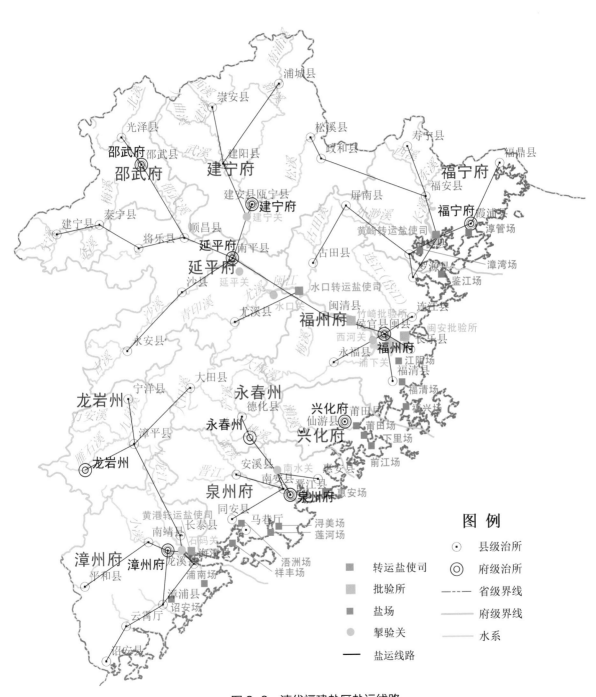

图 2-3 清代福建盐区盐运线路

一、西路盐区盐运线路

西路盐区涵盖闽西北地区，配运福州府、兴化府、泉州府的盐斤。其引地包括：延平府属南平县、顺昌县、将乐县、沙县、尤溪县、永安县，建宁府属建安县、瓯宁县、建阳县、崇安县、浦城县，以及邵武府属邵武县、光泽县、建宁县、泰宁县等十五县。其基本线路按照水系走向分为"一主四辅"。其中，"一主"是指从延平关到闽江下游浦下关的水运主线，"四辅"是指以延平关或水口关为节点的建溪、富屯溪（邵武溪）、沙溪、尤溪四条水运支线（图2-4）。

图2-4 西路盐区盐运线路

其主要线路整理如下：

"一主"：盐场—闽安批验所—浦下关—西河关—竹崎批验所—水口关—延平关。

"四辅"：水口关—尤溪县；延平关—南平县—沙县—永安县；延平关—南平县—建宁关—瓯宁县、建安县—建阳县—浦城县、崇安县；延平关—南平县—顺昌县—将乐县—泰宁县—建宁县，延平关—南平县—顺昌县—邵武县—光泽县。

西路海商到盐场取盐，海运至南台浦下关后，按担盘验，存于南台仓，并移交给西河、水口等关吊验，再逐包盘吊入溪船，由溪船经闽江及其上游建溪、富屯溪（邵武溪）、沙溪等主要支流运至各地各埠。

西路相较于其他各路盐课最重，主要原因有二：其一，西路运输线路最长，埠地较多；其二，闽江水流湍急，且西北山区环境险峻，盐价较高。因此，西路的成本高，风险大，利润也高，主要由财力雄厚的福州商人经营。

二、南路盐区盐运线路

南路盐区在福建省城中心地区，包括侯官县、闽县。此二县均近盐场，属于官运的范畴。这里地处闽江入海口处，是福州府商业最为繁盛之地，宋朝诗人龙昌期曾赞咏此地"百货随潮船入市，万家沽酒户垂帘"。南路也是西路行盐的必经之地，虽然路线较短，但是官府在此设有两个关口和两个批验所，其中的南台仓一直都是储藏盐斤最多的盐仓，且等级较高，因而一直都有盐兵驻守在此。此外，根据前文可知，福建大部分盐商都是侯官县或闽县人，南路也是福建盐商的大本营。由此可见，南路虽然只包括两县，但无论是从自然地理、经济地位还是从盐商数量来看，都可谓福建盐区中最为重要的运销区域。

南路主要配运福州府、兴化府、泉州府盐斤，且距离盐场较近，是海商运盐途经的第一站。海商到盐场领盐后，先运至省城南台浦下湾，由浦下委员盘验后再运往各地各埠（图2-5）。

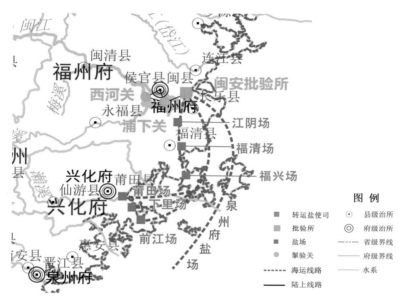

图2-5 南路盐区盐运线路

其主要线路整理如下：

盐场—闽安批验所—浦下关、西河关—闽县、侯官县。

三、东路盐区盐运线路

明朝时，闽东地区的盐场开始规模化发展，东路盐区得以形成。东路盐区包括福宁府属霞浦县、福鼎县、宁德县、福安县、寿宁县，建宁府属松溪县、政和县，以及福州府属古田县、屏南县、罗源县等十县。交溪（长溪）和霍童溪（外渺溪）是这一区域的主要水运通道。

东路盐区的商人直接到周边盐场领盐，然后运到盐区内部的各县销售。其中，松溪、政和、古田、屏南四县的食盐，由海商经交溪（长溪）运至白石巡检司穆洋仓后，雇脚夫挑运至各县埠馆（图2-6）。

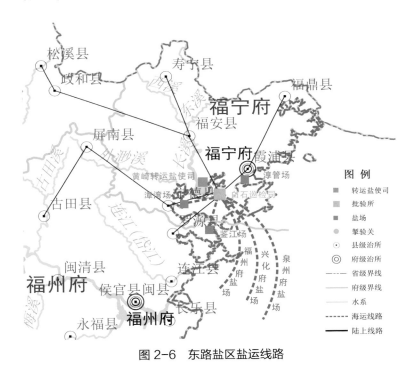

图 2-6　东路盐区盐运线路

其主要线路整理如下：

盐场—白石巡检司—福安县—寿宁县；

盐场—白石巡检司—福安县—政和县—松溪县；

盐场—白石巡检司—罗源县、宁德县—屏南县—古田县；

盐场—白石巡检司—霞浦县—福鼎县。

四、各县澳盐区盐运线路

各县澳盐区涵盖了闽省东南沿海的各府、州。因为该区域涵盖范围广，涉及的府城和水系流域较为庞杂，所以为了理清该区域的行盐路线，本书将其按照水系分为四段——闽江段、涵江段、晋江段、九龙江段，共有三个关口进行盐船盘验（图2-7）。

闽江段包含闽清、永福二县，其盐经海运至闽江的浦下关，再由委员盘吊至河船后，运到各县仓及子埠仓。福州府的连江、壶江、长乐、福清亦在附近，但不经由闽江配运。

图 2-7　各县澳盐区盐运线路

涵江段包含莆田、仙游二县，运往此地的盐主要来自兴化府、泉州府的盐场。其中，莆田县距离盐场最近，属于官运范围。食盐海运至涵江贮仓后，经由木兰溪运至各埠。

晋江段包含晋江、南安、惠安、同安、安溪、永春、德化、大田等八县。其中晋江、惠安、同安等沿海县因为距离产盐区域较近，经济发展较好，内部道路交通方便，主要属于官运范围，而永春、德化等内陆地区则由盐商运盐，食盐先由海船海运至南水关，再由委员盘吊至溪船，后经由晋江及其支流东溪、西溪等运往各县各埠。

九龙江段包含海澄、龙溪、漳浦、南靖、长泰、漳平、宁洋、龙岩、平和、诏安等十县及云霄厅。其中海澄、漳浦县距离盐场最近，港口兴盛，对外便于海上运输，对内便于河流运输，因此是运盐的起点。商运至内陆的盐，先经海运至石码关福河仓囤仓后，再由溪船通过九龙江及其支流运往帮地销售。另外，漳浦的盐可陆运至平和县、云霄厅、诏安县。

根据以上分析，各县澳盐区主要线路整理如下：

闽江段：盐场—浦下关—闽清县、永福县。

涵江段：盐场—莆田县、仙游县。

晋江段：盐场—南水关—永春县—德化县—大田县，盐场—南水关—晋江县、南安县—安溪县、同安县。

九龙江段：盐场—石码关—龙溪县—南靖县，盐场—石码关—龙溪县—长泰县—漳平县—宁洋县、龙岩县。

五、汀州府粤盐行销线路

闽西汀州府西邻广东，因为玳瑁山脉和博平岭山脉的阻隔，与闽东沿海联系不便，盐粮流通十分困难。而从地理角度看，汀州府行销粤盐更加便利：发源于闽赣边界武夷山南段的汀江，在闽地流经宁化、长汀、上杭、永定四县后，向西北进入粤东，在广东大埔县和梅江一起汇入韩江，最后经汕头入海。汀江衔接了汀州与广东地区，因此，"闽省蹉务除汀州一府向食粤盐不计外，其余九郡二州幅员辽阔"①。

据《长汀县志》记载，"汀运潮盐，以给民食"。由此可知，汀州府地区主要行销粤东潮盐，且盐运线路主要围绕韩江、汀江展开。其主要线路整理如下：潮州盐场—永定县—上杭县—武平县、长汀县，潮州盐场—永定县—上杭县—连城县—宁化县。

① （清）佚名.福建盐法志 [M]// 于浩.稀见明清经济史料丛刊：第 1 辑第 29 册.北京：国家图书馆出版社，2012：549.

第三章

福建盐运古道上的聚落

产盐聚落

盐田的开发利用伴随着盐民、盐商、盐官、盐兵等人的活动，在这种人与自然环境、军事环境、社会环境、经济环境不断互动的过程中，形成了一定规模的人口数量，进而形成了产盐聚落。

一、产盐聚落的形成与变迁

（一）福建盐场的发展历程

"场"原本具有很浓厚的经济色彩，是唐代基层政权的重要形态，往往设在矿冶（包括盐业）兴旺之地，以征税为其主要功能。对福建沿海地区而言，盐场的建置不只是单纯的生产空间的建设，围绕着海盐生产的诸多活动会带来人口的增多、产业规模的扩大，出现用"升场为县"的方式来管辖人民活动的情况。如在《宁德县志》中有"唐开成中，置（感德）场督盐"的记载，后闽国皇帝王延钧于龙启元年（933 年）升感德盐场为宁德县。至清代，仍可在宁德城区看到其由海盐生产空间发展而来的明显痕迹（图 3-1）。由此可见，伴随着政府对盐利的管控，盐场逐渐发展形成多元化的产盐聚落空间。

福建产盐聚落的发展历程可简要总结如下：

宋元以前，福建盐场管理制度并不完善，产盐聚落的形成更多的是满足其作为生产空间和仓储空间的需要。元时，在各

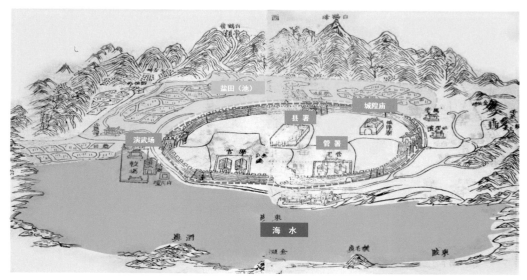

注：据《宁德县志》中县城图标注。

图 3-1　清乾隆年间宁德城区

产盐区设立都转运盐使司，福建就居其一，下辖惠安、上里、浔美、牛田等七处盐场。这一时期，产盐聚落除了要满足生产和仓储的需要，还要满足管理的需要，因此场镇聚落空间不断扩展。明清时期，政府加强了对福建盐区的管理，盐场数量是元代的两倍多。与此同时，随着明清海防事业的建设和盐商介入盐场管理，福建产盐聚落中又逐渐出现了集军事空间、文化空间、公共空间和商业空间等于一体的多元化空间景象。

（二）"迁界令""复界令"与产盐聚落的变迁

1. "迁界令"与产盐聚落变迁

盐政是中国历代国计民生之要政，福建盐业与海防息息相关。明清时期，中国东南沿海倭寇肆虐，福建海防体系建设一直都是政府关注的重点。其中"迁界令""复界令"对福建产盐聚落的变迁影响最大。

清初顺治、康熙年间，朝廷为了抵御郑成功从海上抗击清朝，颁布了坚壁清野的"迁界令"（又称作"迁海令"）。"迁界令"颁布后，清廷强令江南、浙江、广东、福建沿海地区居民内迁。四省之中，福建的划界最为严格。洪若皋在《遵谕陈言疏》中说道："闽以路为界，遂有不及三十里、远过三十里及四十里者有之"，但是从清代工部尚书杜臻所记的《粤闽巡视纪略》可知，即便是在一个县内，各处迁界的里数也不一致：

> 是日行七十里止云霄。丁卯，行八十里止漳浦。元年画界，自梅洲寨历油甘岭，至横口，为漳浦边。边界以外斗入海四十里月屿、二十里旧洋、附海、三十里虎头山，十五里埔头，十二里后葛司，十里洋尾桥、杜浔，七里旧镇，皆移，共豁田地一千一百六十三顷。

"迁界令"简单来说就是人为划出一条宽几十里、长千里的隔离带。由此，福建沿海变为无人区，导致盐业生产中断，昔日繁华的盐场在迁界后化为沮洳（图3-2）。这不仅仅是盐田被弃置，凡在迁界区域内的房屋、土地等全部都要被焚毁或废弃。

关于顺治十八年（1661年）划界后，闽中地区有多少盐场在迁界外，《粤闽巡视纪略》中有非常详细的记载："闽中盐场有七，在福州者曰海口场、曰牛田场，在泉州者曰惠安场、曰浔美场、曰丙洲场、曰浯洲场，在兴化者曰上里场，初迁多在界外"[①]。而漳州府漳浦县的盐场则是"盐丘俱在界外"，其盐课均无法征收。罗源县的盐场在界内五里，靠渡潮取水煮

---

① （清）杜臻.粤闽巡视纪略：卷上 [M].清康熙三十八年刻本.

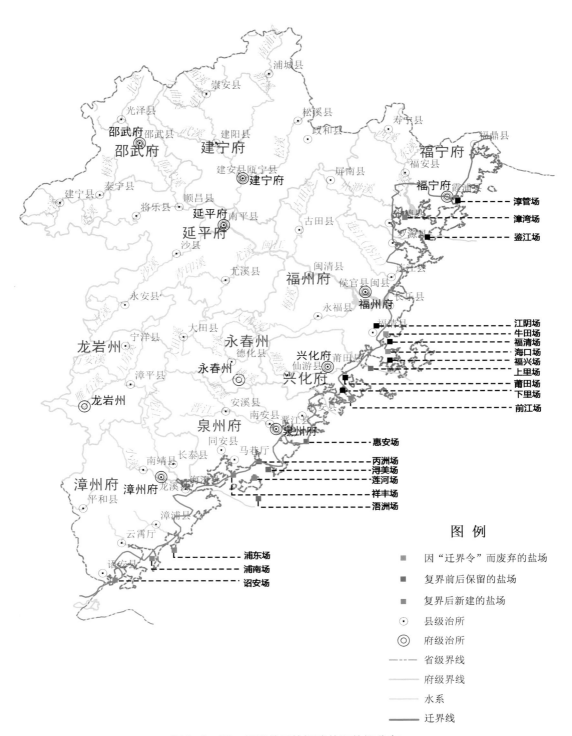

图 3-2 迁、复界前后的福建盐区盐场分布

盐，产盐量大大减少，可盐课却要照常上缴。上述案例不过是管中窥豹，清初"迁界令"给福建沿海地区盐场带来的严重负面影响由此可见一斑。

2. "复界令"与产盐聚落变迁

因迁海政策而产生的问题接踵而至，民怨鼎沸，清政府中也有不少人持反对意见。第一个冒死直谏的是御史李之芳，其在迁界之始就曾奏疏曰："未闻弃疆土以避贼也……沿海一带，鱼盐之利何啻数千万？"可惜清廷畏于郑成功之势，以牺牲数千里膏腴鱼盐之地、百万民众生计为代价，强行迁界。后来二十余年，依旧有不少官员进谏，在姚启圣等福建官员的再三请奏下，清廷终于同意对福建沿海地区进行逐渐复界。康熙二十年（1681 年），朝廷发布了复界的诏令。康熙二十二年（1683 年），施琅攻克台湾，福建终于在大局势下全面复界。

顺治十八年（1661 年）后被强迫迁走的居民回归故土，重新开垦盐地，恢复盐业，以盐课来弥补国税之空缺。在苦心经营一段时间后，福建盐场逐渐重现生机：漳浦盐场经过五年的恢复，盐埕完全恢复；罗源盐场"自康熙十五年复界，海运既通，遂拆五里渡盐埕，归鉴江煎煮，谓之'细盐'"[1]；浯洲盐场在复界后才得以使用，且相比迁界之前，范围有所扩大，"浯洲场隶泉州府同安县，署在金山港口，距县六十里，东至太武山，西至海，南至宝林，北至官澳"[2]。

对比乾隆年间的《闽省盐场全图》和道光年间在册的 16 个盐场及《福建盐法志·诸图》可知：

---

① （清）卢凤棽，林春溥. 新修罗源县志：卷七 [M]. 清道光十一年刻本.
② （清）佚名. 福建盐法志 [M]// 于浩. 稀见明清经济史料丛刊：第 1 辑第 29 册. 北京：国家图书馆出版社，2012：314.

（1）福清府的牛田场及海口场在迁界后废弃，复界后重新开垦，但是不再用其名称，而是合并于江阴、福清盐场中。

（2）道光年间记录在册的鉴江场由迁界前的罗源县盐场迁移合并而来。

（3）因迁界而受影响的丙洲场、浔美场、浯洲场、惠安场等均在复界后恢复使用，且盐场范围有所扩大。

（4）复界后也出现了一些新的盐场，如前江场、莲河场和祥丰场等。

福建盐区在复界的刺激下，不仅恢复了部分原有的盐场，也大力开拓了其他还未利用的盐田区域，这一切使得福建盐业生产在清代达到了一个高潮。顺治十八年（1661 年）的迁界给福建等东南沿海地区带来了持续二十余年的负面影响。从迁界到复界，一个是破，一个是立，包括福建在内的东南沿海盐业聚落经历了一个耗时几十年的重建和恢复过程。

二、产盐聚落的分布特征

元以前，福建较为封闭，因此其海盐资源开发不如山东、两广、两浙等盐区。而从明代开始，随着汉人南迁和沿海资源的开发，政府加强了对福建盐区的管控，并且设置都转运盐使司对盐场进行管辖。到了明末，福建盐场的数量和盐税的收入均大幅上涨。清代，福建海盐资源的开发进入了鼎盛时期，先后有过 21 个盐场，后因迁、复界的原因，清政府合并了诸多盐场，到了清末，福建盐场数量趋于稳定。根据古今对比，笔者将福建盐场的分布特征总结为：以海岸线为轴线，临近河流入海口均匀分布。

"盐，濒海县皆出"，对于沿海地区而言，食盐的生产离不开海洋资源。福建因濒临海洋且海岸线曲折萦绕，具有海盐生产的天然优势。同时，明清时期福建盐业生产工艺以晒盐为主，其中的主要步骤即人工挖出沟渠，以此引纳潮水，为了节省人力且方便取水，盐田必定是临近海岸线而建。

此外，盐场的分布与河流入海口的位置有密切关系，且越靠近主要河流入海口，盐场分布越密集（图3-3）。例如：道光年间在册的16个盐场中，淳管场、漳湾场、鉴江场位于交溪（长溪）入海口附近，江阴场、福清场位于闽江入海口附近，

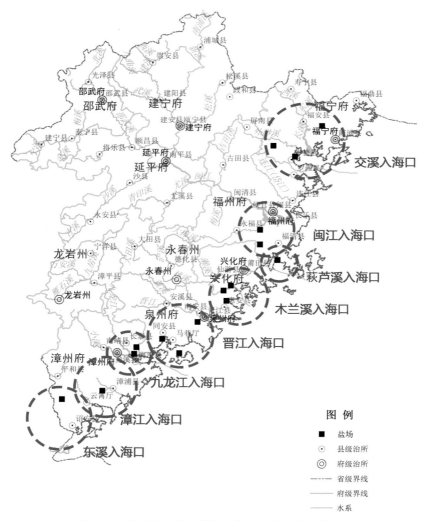

图 3-3　清代福建盐区盐场区位与河流入海口关系

福兴场位于萩芦溪入海口附近，莆田场、下里场、前江场位于木兰溪入海口附近，惠安场、浔美场、莲河场位于晋江入海口附近，浯洲场、祥丰场位于九龙江入海口附近，浦南场位于漳江入海口附近，诏安场位于东溪入海口附近。

福建盐场密集分布于河流入海口附近，主要是为了方便食盐的运输。根据前面的分析可知，福建盐运与河流息息相关，河流曼延的区域越广，越方便将食盐运输到远离盐场的地区。因此，除了濒海取盐外，政府还要考虑如何快速将食盐运输到盐仓贮存，以减少食盐丢失的风险，而将盐场建于河流入海口附近就成了自然而然的选择。

三、产盐聚落的形态特征

（一）产盐聚落的构成

根据盐场的发展历程可知，产盐聚落的空间形态演变受生产过程主导。伴随着海盐生产活动的日益频繁和生产规模的逐渐扩大，盐场的居住者不再只有盐工和管理者，盐商、船民等相关产业人员均会往来其中。因此，盐场也从单一的生产空间向集生产、居住、管理、仓储、商业等空间为一体的聚落发展。换言之，正是因为多元需求的不断出现，包含生产空间的场镇聚落才得以形成，并逐渐成为该区域的经济中心。盐民、盐官、盐商等群体因为其在聚落中的活动需要，会建造大量的民舍、楼馆以及盐业管理建筑。

以莆田场为例，其中的道路将产盐聚落空间分为两个大的区域：靠近海水的盐埕主要沿海岸线分布，形成团状分布群，其中包含了贮存食盐的盐仓和供盐民休憩的民舍，由此构成以生产为目的的生产聚落；道路另一边则是以盐场官署为核心形成的场镇空间，盐商在此贸易，盐官在此管辖，出产的食盐均会在此汇集，再通过海商、水商运出，故场镇空间中包含衙署建筑、仓储建筑、宗教建筑和居住建筑等（图3-4）。

由此可以看出，福建沿海的产盐聚落主要由生产聚落和场镇聚落这两大空间体系组成，其中不同体系所具备的功能也有所不同。

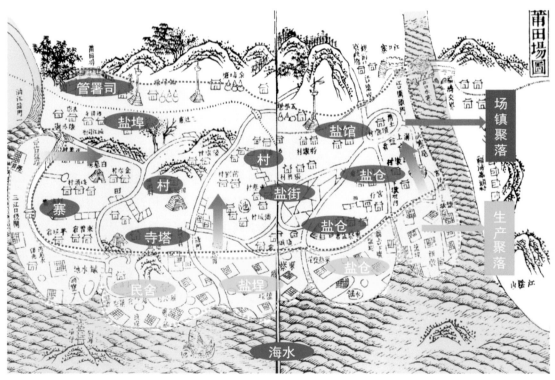

注：据清《福建盐法志》莆田场图标注。

图3-4 产盐聚落构成示意图

（二）生产聚落的功能组成及形态特征

1. 生产过程决定生产聚落的基本形态

福建产盐聚落以海盐的生产为其主要职能，生产过程决定了其选址、规模和构成元素。前面提到过，福建盐业生产主要经历了由煎盐、晒盐到埕坎晒盐的变化。

"宋元以前皆为煎法"，煎盐的主要流程包括晒灰取卤、淋卤、试卤、煎晒四道工序，需要较大的场所。福建煎盐的主要工具是用竹编成的盘子。《盐法议略·福建》记述了福建煎盐的流程：

> 筑土为斛畎于灶旁以盛卤，接以竹管，注之旋盘如畎浍之流。盘用篾织，以蛎灰涂，由盘注之于釜，釜上亦织篾为釜墙，周围绕之，坚以蛎灰，盖取其受卤之多。《海物异名记》云，编竹为盆，熬波出素。①

据明代《福建运司志》记载，明代福建七个盐场的生产已经采用了先进的晒盐技术，早于长芦、两浙、两淮等盐区。而《福建鹾政全书》对明初福建的晒盐流程也有着详细的记载：

> 晒盐法则：一、海滨潮水平临之处，择其高露者，用腻泥筑四周为圆而空其中，名曰塥。仍挑土实塥中，以潮水灌其上。于塥旁凿一孔，令水由此出，为卤。又高筑丘盘，用瓦片平铺，将卤洒埕中，候日曝成粒，则盐成矣。惟积雨则卤盐不得晒而盐不成。②

---

① （清）王守基.盐法议略 [M].清同治光绪间吴县潘氏京师刻滂喜斋丛书本.
② （明）周昌晋.福建鹾政全书：卷上 [M].明天启七年活字印本.

根据上述记载，明初晒盐法虽然相比煎盐法减省许多步骤，但还是需要准备卤水，且这道工序仍相当繁重。

到了明万历年间，福建盐区发明了"埕坎晒盐法"。用此法晒盐，前期只需用石头围砌盐田，然后平铺瓦片，再将海水引入方池之中，曝晒后，"潮再至，已成盐矣"[①]。一旦埕坎建成，便省去了准备卤水的工序，进一步提高了产盐的效率。

明清时期，闽盐生产从煎盐到晒盐再到埕坎晒盐的转变，带来的不仅仅是盐产量的提高，也对生产聚落产生了一定的影响。对比《福建盐法志·诸图》中的煎盐图和（埕坎）晒盐图（图3-5）可以发现：煎盐法操作复杂，需要大量的人力，对生产场所的要求高，选址需要同时满足晒沙淋卤、盐工居住、煎煮卤水以及邻近草荡等要求。因此，此时的生产聚落中生产、居住、管理空间相互渗透和影响。在这种生产技术下，官府会通过集体制盐的"团煎法"来控制灶户。而埕坎晒盐法工序简单，不仅使福建盐产量在短时间内大增，还解放了部分灶户，单丁单户即可独立生产。这种生产方式对生产空间的要求大大降低，生产空间与居住、管理空间可以相对独立，邻近即可。

鉴于生产聚落的空间形态随着生产技术的改变而变化，且明清时期福建盐业主要采用晒盐法和埕坎晒盐法，本书主要以这两种产盐技术为基础，研究其相关生产聚落的功能组成和形态特征。

---

① （清）郭柏苍. 海错百一录：卷四 [M]. 光绪十二年本.

A. 煎盐

B. 晒盐

注：据清《福建盐法志》卷首诸图中的煎盐图、晒盐图标注。

图 3-5 福建煎盐与埕坎晒盐对比图

2. 生产聚落的功能组成

福建盐场生产聚落从功能上看包括盐产区、仓储区、居住区等（表3-1）。

盐产区主要包括沿着海岸线分布的盐埕、盐丘和漖田。

仓储区包括盐仓、盐馆、露堆等贮存食盐的建筑。每个盐田会配置至少一个盐仓。盐馆是场官或盐商直接控制的盐业机构，具有贮存、贩卖、缉私等功能。露堆即露天堆放的食盐，古时多以茅草覆盖。

居住区中主要为丁户的住舍，以"团""乡""村"为单位组团，围绕盐田分布。

关于盐田有不同称谓的原因，《盐法通志》解释如下：

> 盐田滨海，外筑堤围，以三亩为一亩，号为一丘。一丘之中分为三区：曰盐塥，则蓄海水之池也，占全丘十分之二；曰盐埕，则注塥中之水，晒使渐干者也，占全丘十分之六；曰盐坎，则又注塥中晒已稍干之水再晒成盐者也。埕乃泥底，坎则以碎石铺平，海潮盛涨则于堤围水洞引水入田而晒之。[①]

由上述可见，一个盐丘为三亩，其中包括盐塥、盐埕、盐坎三个级别的盐田。其中盐塥为存蓄海水的田池；盐埕为第一道晒盐池，以泥土为底，接纳卤水；盐坎为第二道晒盐池，底部以碎石铺盖，用来积存盐晶，同时防止被海水冲走。以上都是依托于"埕坎晒盐法"的盐田形式，只是各自处在不同的生产环节之上。

笔者根据《福建盐法志》中的图示猜测，漖田即晒盐田的一种形式。晒盐田会根据地势高差建立层层叠叠的梯田，卤水浓度也是层层递增。

---

① （清）周庆云.盐法通志：卷三十二 [M].清道光十年刊本.

表 3-1　福建盐区盐业生产聚落功能组成

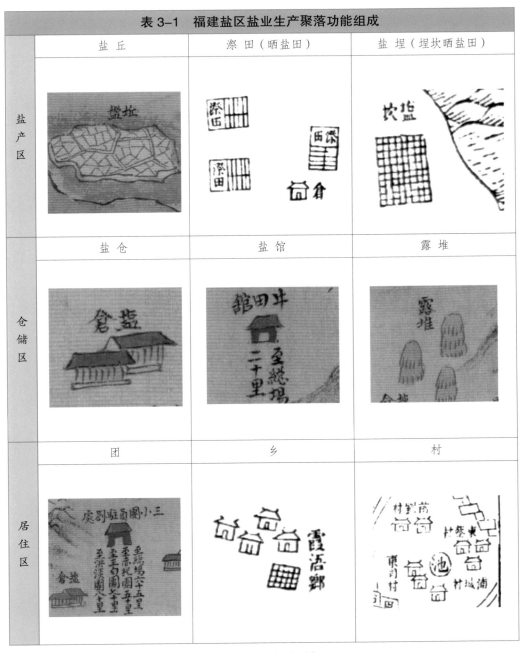

	盐丘	漈田（晒盐田）	盐埕（埕坎晒盐田）
盐产区			
	盐仓	盐馆	露堆
仓储区			
	团	乡	村
居住区			

注：图片来自清《福建盐法志·诸图》及《闽省盐场全图》。

3. 生产聚落的形态特征

福建盐场的生产聚落，无论其规模大小，均以团、乡、村的形式进行管理，水运从中串联。而团的形成与明代"团煎法"有极大的关系。明初煎盐均按盐团进行管理，即每场分几团，一团分几户，且有官军把守，是防卫非常严密的生产空间，其目的是管理煎盐所需的大量人力资源，同时防止私盐的生产和流通。

明清时期，福建盐场已基本使用晒盐法进行食盐生产，但其生产聚落形态仍部分承袭旧制，按照团的形式进行生产管理，即盐民所居住的位置必须依附于盐埕，以便于经年累月地劳作。但同时，由于生产流程的变化，福建盐场又以团为蓝本，根据生产需要完善了其基本生产空间。

据统计，明代福建 7 个盐场中，上里场、惠安场有团无埕，丙洲场、浔美场、浯洲场有埕无团，海口场、牛田场有团有埕（表 3-2）。而到了清初顺治年间，受"迁界令"的影响，明

表 3-2 明代福建盐团聚落统计表

序号	盐场名称	盐团聚落名称
1	海口场	11 团 61 埕（杞店团、浔头团、前港团等）
2	牛田场	6 团 46 埕（东西团、港东团、黄赤团等）
3	上里场	31 团（天地团、地玄团、洪荒团等）
4	浔美场	19 埕（呈前埕、青石埕、径山下满埕等）
5	惠安场	5 团（西湖前坂团、庭边乔浦下洋东团、下洋西柯桄林内团等）
6	浯洲场	10 埕（永安埕、官镇埕、沙美埕等）
7	丙洲场	6 埕（东埕、西旧埕、西新埕等）

注：据明《福建鹾政全书·盐产》整理。

代所遗留下的 7 个盐场中牛田场、海口场均被废弃。乾隆年间复界后，为了补充盐课之缺，盐场数量达到了 21 个之多，后部分盐场合并，数量趋于稳定。清道光《福建盐法志》记载的 16 个盐场中，漳湾场、鉴江场、淳管场为煎盐场，到清晚时期才改为晒盐场，缺少相关生产聚落的记载。晒盐场中，福清场、江阴场、福兴场、浯洲场、惠安场、祥丰场、莲河场、诏安场均有乡无团（表 3-3）。但是根据乾隆十一年（1746 年）的《闽省盐场全图》可知，福清场、福兴场、祥丰场、诏安场均有团，只不过称谓不同。例如，关于福兴场，在《福建盐法志》中记有厚安乡、江厝乡、东郭乡、薛港乡，而在《闽省盐场全图》中则记为厚安团、江厝团、东郭团、薛港团（表 3-4）。对此，笔者认为可能是其生产空间的管理等级由"乡"晋升为"团"，因而称谓有所改变。

表 3-3　清代福建盐团聚落统计表

序号	盐场名称	盐团聚落名称	序号	盐场名称	盐团聚落名称
1	福清场	本场有 5 乡，兼管洪白场 10 乡、赤杞场 12 乡	9	莲河场	25 乡
2	江阴场	12 乡	10	浦南场	13 团
3	福兴场	16 乡	11	诏安场	8 乡
4	莆田场	8 团	12	惠安场	6 乡
5	下里场	5 团	13	浔美场	12 团
6	前江场	6 团	14	鉴江场	缺少相关记载（煎盐场）
7	浯洲场	8 乡	15	淳管场	
8	祥丰场	21 乡	16	漳湾场	

注：据清《福建盐法志·疆域》整理。

表 3-4　福兴场盐团聚落空间形态对比

盐团聚落名称	厚安	江厝	东郭	薛港
《福建盐法志》所载形态				
《闽省盐场全图》所载形态				

注：图片来自清《福建盐法志·诸图》及《闽省盐场全图》。

明清时期，团为福建盐区第一等级的生产聚落，官府在其内部设立盐课司，编制官吏，并设置总团衙署对其进行管制；乡、村、盐埕为第二等级的生产聚落，主要由晒盐田、盐仓和盐舍组成。

其中，晒盐田沿海岸线分布，居住空间在外围，起到拱卫和保护作用，而仓储区则介于晒盐田和居住空间之间。每个团的衙署位于团的中心位置，方便管理该团的生产活动。除此之外，基本上每个团都有至少一个盐仓用于贮存食盐，而多出的食盐则会露天堆放。以上即为生产聚落基本组成单元"团"的理想空间形态；多个单元沿着海岸线呈带状分布，一条或者多条盐运河流从中通过，便构成大部分福建盐业生产聚落的基本形态（表3-5）。

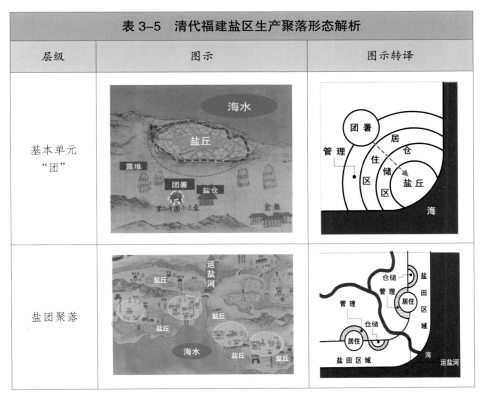

表3-5 清代福建盐区生产聚落形态解析

层级	图示	图示转译
基本单元"团"		
盐团聚落		

注：据《闽省盐场全图》中福清场图标注和改绘。

　　但是根据地理区位的不同，团的内部功能空间可能有一定交叉；各团可能一字排开或零散布置，而不过分拘泥于紧邻分布；团署的位置也不一定位于整个团的中心，而可能位于团的边缘一侧。从整体上来说，生产聚落中基本会保持仓储区和居住区围绕晒盐田布置，而管理空间一定在最外围。如上里场沿海晒盐池密布，河流将其分为南北两个部分，北部为上里总团，南部为下里总团，盐场、盐舍、盐田不再拘泥于封闭式的"团"状布局，而是采用了较为分散的布置形式。这其实与盐商介入管理和私盐流通有一定的关系，但是灵活的布局也更加有利于适应福建曲折萦绕的海岸线。

位于福建东山岛的陈城场原为明代浦东场的盐团之一。清代，浦东场并入诏安县诏安场，后者成为闽南最大的盐场之一。陈城场的所在地即现今东山岛南部的港口村。根据清《福建盐法志》和《闽省盐场全图》中的诏安场图（图3-6、图3-7）可知，东山岛原为大型盐产区，下辖港口团、前黄团、北山团、采石团、东沈团、林头团、高陈团、铜钵团。其中，港口团也是诏安场团署驻扎的位置。其西面的天后宫至今仍存（图3-8），村子也因在天后宫之前而得名"宫前村"。

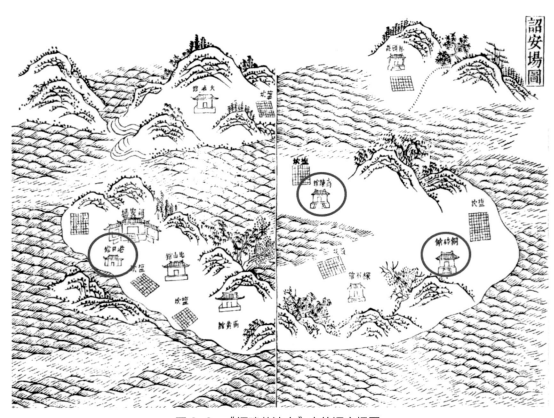

图3-6 《福建盐法志》中的诏安场图

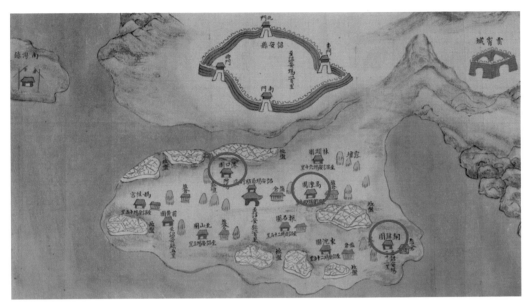

图 3-7　《闽省盐场全图》中的诏安盐场

图 3-8　天后宫今貌

此外，通过对比古今地名也可知，清代诏安场的铜钵团和高陈团对应着现今的铜钵村和高陈村。而铜钵村沿海部分如今叫南门湾，已成为知名景点，也是多部电影的取景地（图3-9）。东山岛的盐场如今大多已变成海水养殖场（图3-10），如果没有古地图，谁能想起东山岛古村落因盐而兴的历史呢？

图 3-9　南门湾

图 3-10　昔日盐场已变为养殖场

（三）场镇聚落的功能组成及形态特征

1. 多元化发展的场镇聚落

宋元之前，盐场聚落功能单一，所有建设均以满足生产所需为目的。明清时期，福建盐业运销政策经过了多次改革，其中最为主要的便是盐商专卖制度的确立。正因如此，盐商获得了进入盐场的权利，并且能够直接对盐场空间进行建设和管理。在原来的生产空间的基础上，生产聚落进一步向外拓展，形成了一片商业街区。不仅如此，其市政建设也逐渐完善，修建了河道、街道、桥梁等基础设施，以及盐课司衙署、盐仓、寺庙、祠堂、书院等建筑。

除上述空间外，不同于其他盐区，福建产盐聚落中还有军事设施，这与自明代开始的海防建设有直接关系。清《闽省盐场全图》显示，大部分盐场靠近海岸线的位置出现了"卫""所""寨""城"等防御型建筑，其中有些即为福建沿海地区建设的"五卫十二所"。到清中期，福建盐区产盐聚落体系基本趋于稳定，在社会环境、经济环境、军事环境和行政环境的共同作用下，产盐聚落中形成了多元化的场镇空间，即场镇聚落。

根据上述分析，笔者将从基础组成、特色空间、核心轴线三个方面对福建盐区场镇聚落进行分析。其中，管理空间、仓储空间、宗教空间为场镇发展的基础；军事空间为福建盐区场镇聚落中独具特色的空间；商业空间以街巷空间为主，是整个场镇空间的"轴线"，串联起不同的基本功能单元。整个体系相互交融，形成了多元化的场镇空间，并逐渐市镇化。

2. 基础组成：管理、仓储、宗教空间

管理空间主要由衙署、盐馆组成，根据管理等级的高低可以分为：场级衙署—团级衙署—盐馆（表3-6）。每个盐场或每个团均有一个对应的衙署，且主要分布于场、团的中心位置。而盐馆则是盐商监管盐工或者进行食盐交易的场所，兼有储藏和管理的作用。

表3-6　福建盐区场镇聚落管理空间建筑示例		
建筑类型	场级衙署	团级衙署	盐馆
图示			

注：图片来自清《福建盐法志·诸图》及《闽省盐场全图》。

仓储空间主要包括盐仓和盐馆建筑。场镇聚落中的盐仓与生产聚落中的盐仓有所不同：生产聚落中的盐仓邻近盐场，每个团配建至少一个，是盐民存放刚生产出来的食盐的场所；而场镇聚落中的盐仓由官府统一管理。因此，可以将盐仓分为场内盐仓（生产聚落中的盐仓）和场外盐仓（场镇聚落中的盐仓），场外盐仓规模较大，用于存放多个盐场所生产的食盐，与盐民用来暂时存放食盐的场内盐仓有所不同。例如，福州的南台仓就是场镇聚落中的盐仓（场外盐仓）的代表，其为称掣盐斤的重要场所，贮存有多个盐场的食盐，是西路盐商取盐的第一站。

宗教空间在场镇聚落中是必不可少的一部分，除了教化百姓，还有祈求风调雨顺的作用。其中包括天后宫、塔、寺庙、城庙等建筑（表3-7）。清《福建盐法志》记载的16个盐场中，福清场、前江场、浯洲场衙署附近均建有天后宫，福兴场、莆田场建有寺庙，福清场、惠安场、浔美场衙署建有塔，前江场建有太师宫。

表3-7　福建盐区场镇聚落宗教空间建筑示例			
建筑类型	天后宫		
图示			
建筑类型	塔	寺庙	太师宫	城庙
图示				

注：图片来自清《福建盐法志·诸图》。

3. 特色空间：盐场与海防卫所结合

从古至今，海防建设一直都是我国东南沿海地区城市建设的重中之重。明初，福建沿海倭寇猖獗，朱元璋派遣官员在福建设立卫所。自此，福建沿海便有"五卫十二所"专门从事海防工作。

为了响应"开中制"，福建进行了盐商运销食盐的改革。但是福建盐区出现了"开中不行，食盐积压"的现象，盐商迟迟不愿报中。明正统八年（1443年），福建屯田受到了海寇的侵害，福建沿海卫所粮仓进行了体制改革。在福建盐场附近卫所官兵缺粮的情况下，正统十三年（1448年），朝廷将下四场中的"浔、丙、浯三场盐课，共计五万六千八百八十三引，俱准全折，每引折米一斗，派纳泉州府附近永宁卫并福全、金门等所仓，听给官军月粮"①。而后，下四场和上三场全部折银。由此看，盐田在当时已经归属于卫所屯田屯粮体系，受卫所的保护。卫所军户及家属在防御间隙也从事专门的晒盐活动，军户充当盐户，在沿海"开中制"政策下，很好地解决了边关军费问题。

清初，卫所建制被政府裁撤，但是福建仍保留有部分卫所，其中的永宁卫、福全所、金门所、崇武所均为福建"盐课折米"卫所。可以说，福建卫所的存留与保护盐田以供给军饷有着密切的关系。

根据清《闽省盐场全图》和"五卫十二所"的称谓，笔者找出了各盐场中所设卫所的位置，并且发现除卫所外，场镇聚落的军事空间中还有寨、城等防御性建筑，均设在生产聚落边缘，以保护盐田不受损害（表3-8）。

---

① （明）申时行，等.大明会典：卷三十三[M].明万历十五年内府刻本.

表 3-8 福建盐区盐场军事建筑示例

卫所	浔美场 （永宁卫）	浯洲场 （金门守御千户所）

	惠安场 （崇武守御千户所）	丙洲场 （福全守御千户所）
	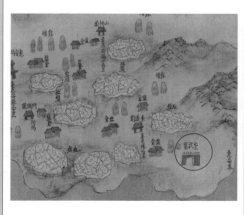	

（续表）

	淳管场 （大金守御千户所）	漳浦东场 （镇海卫）
卫所	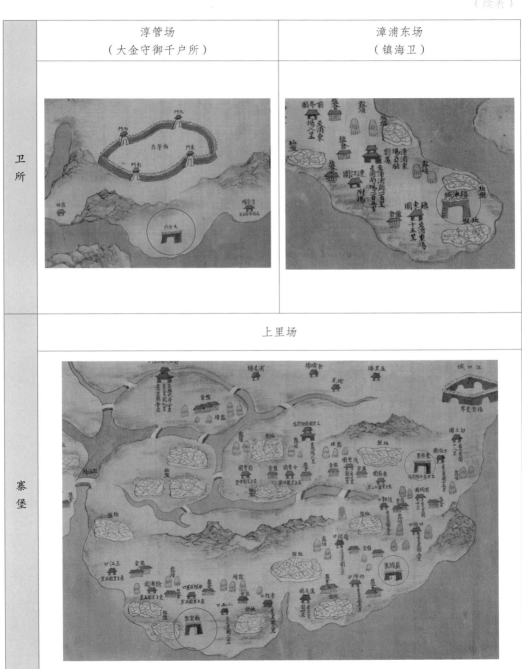	
寨堡	上里场	

注：图片来自清《闽省盐场全图》。

4. 核心轴线：商业空间

福建盐区场镇聚落的商业空间主要以街巷、桥梁为干线，两旁林立盐仓、盐馆、房舍等公共建筑。商业中心是在盐商资本进入场治的过程中逐渐形成的，是商贾贸易、盐民出入的集散中心。其中街巷是联系各团的陆路交通干道。作为场镇聚落的主轴线，商业街巷是串联居住空间、管理空间、仓储空间和宗教空间的重要主街。

例如，福兴场的场镇聚落中有一条由东至西的街巷，名为三山街，是该盐场中的主要轴线（图3-11）。街巷两侧商铺林立，在街巷最西侧为福兴场衙署，其位于整个场镇最为核心的位置。福兴场衙署附近还设有福兴寺。而三山街最外围即为居住空间，临近生产聚落。

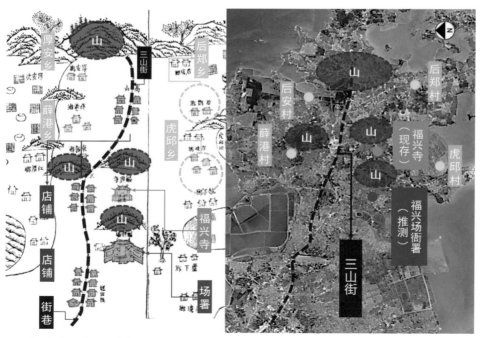

注：据清《福建盐法志》福兴场图与现代地图标注。

图3-11　福兴场街巷空间古今对比

　　经梳理总结可以发现，场镇聚落中街巷的形成方式主要分为两种：一种是以桥梁连接堤坝，后逐渐形成街巷；另一种是沿着河道两边形成街巷（图3-12）。其中，以桥梁连接形成的街巷会在场镇内部绕越，上接场镇空间中的衙署等主要管理空间，下接滨海产盐区各个埕团。以桥梁连接形成的街道会成为商业空间中的主街，两旁商铺林立。至于沿着河道形成的商业区，也多缘于盐运，河道入海处一般为盐船停泊的港口，码头商人在这里盘运盐货，由此形成了较为繁华的水街。

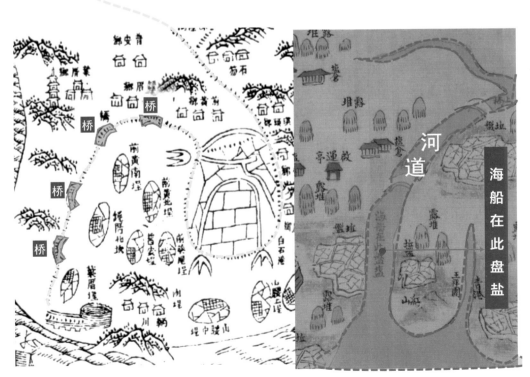

注：据清《福建盐法志》惠安场图及《闽省盐场全图》标注。

图3-12　两种形式的街巷示意图

四、代表性产盐聚落变迁

经过清末农林水利和村镇住房建设的发展，福建盐区大部分产盐聚落已经消失，但是原有的聚落名称保留了下来。此外，也有少部分旧时盐场还在运作，如宁德漳湾盐场。根据清《福建盐法志》记载，漳湾盐场原以煎盐法生产食盐，后于清中期改为埕坎晒盐法。现今的漳湾盐场位于宁德市蕉城区漳湾镇南埕村，又名南埕盐场。南埕村大多数居民曾经是盐民。如今，俯瞰漳湾镇的南部，可以清晰地看到衔接大海的沟渠印迹，以及沟渠两侧大大小小的盐田（图3-13）。

图3-13 漳湾盐场现状

除漳湾盐场外，其他盐场的盐业遗迹已几乎无存。即便如此，根据清《福建盐法志》中各盐场图与今天的地图，仍然可以发现产盐聚落的古今格局基本相同，旧时水道和街巷的位置与今日仍有所对应。以下略举几例加以说明。

根据清《福建盐法志》中的福清场图推测,福清场位于今福清市海口镇(图3-14),且盐场图中的天后宫保存至今。

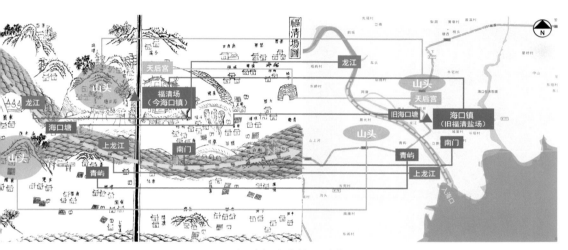

图3-14 福清场古今格局对比

根据清《福建盐法志》中的福兴场图推测,福兴场位于今福清市龙田镇(图3-15)。

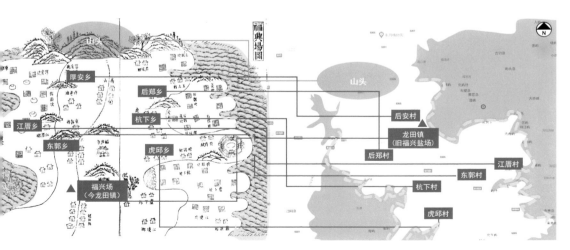

图3-15 福兴场古今格局对比

根据清《福建盐法志》中的江阴场图推测，江阴场位于今福清市江阴镇
沙塘村（图3-16）。

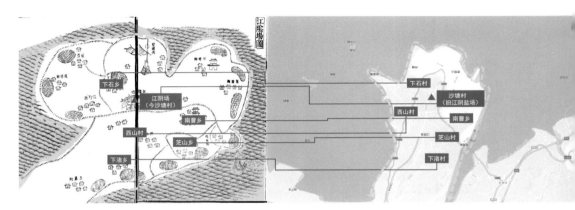

图 3-16　江阴场古今格局对比

根据清《福建盐法志》中的莲河场图推测，莲河场位于今南安市石井镇
营前村（图3-17）。

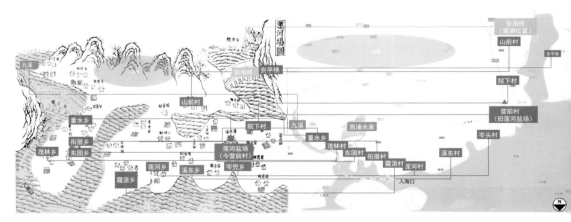

图 3-17　莲河场古今格局对比

运盐聚落

一、运盐聚落的形成

自古以来，人类便逐水而居。福建水系四通八达，众多河流穿梭于崇山峻岭之中，组成一张"大网"，聚落随之遍布各地。普遍认为，明清时期福建的整体聚落形态已经基本形成。但聚落的发展不是封闭的，随着盐运线路的产生、盐商资本的介入，部分聚落的性质发生了变化——从农业化向商业化转变。有些聚落的空间格局也因人类运输食盐的活动而产生变化。这些运盐聚落可能是大部分商品流通的枢纽，或是城市的商业城镇。

在福建盐区，因盐而兴的聚落比比皆是，"十家之聚，必有米盐之市"。虽然有些聚落并非完全因为盐业而产生，但是商人与百姓进行的食盐贸易活动会带动聚落的经济发展。围绕着食盐运输，一批商贸型聚落逐渐兴起，并沿着盐运线路逐渐发展壮大。不同于以食盐生产为主要活动的产盐聚落，运盐聚落中的活动更多的是食盐的转运、管理、储存、销售等。

二、运盐聚落的分布特征

运盐聚落的分布与行盐的过程有着紧密的联系，盐商或盐官在行盐途中的盘仓、转运、查验、休憩等活动均会影响到附近聚落的发展。

笔者将福建盐区的运盐聚落按照水运的方式分为河运聚

落和海运聚落。其中河运聚落指的是福建内陆河流沿线的运盐聚落，包括：西路盐区闽江三大支流——建溪、富屯溪（邵武溪）、沙溪流域的运盐聚落，东路盐区交溪（长溪）流域的运盐聚落，南路盐区闽江下游福州府境内的运盐聚落，各县澳盐区九龙江、晋江、木兰溪、漳江等流域的运盐聚落。海运聚落主要指福建海洋贸易最发达的沿海各个港口，主要包括南路盐区的福州港口，各县澳盐区的泉州、漳州港口等。

福建盐区的食盐水运活动也会带来一些水利建设，政府为了管理盐运或水利会在主要的河流交汇口处或者重要地段建设堰坝、船闸、关口等。福建盐运古道上的关卡皆在河流的交汇口处，如延平关位于建溪、富屯溪（邵武溪）、沙溪的汇集点，建宁关位于松溪和崇阳溪的汇集点，南水关位于晋江支流东溪和西溪的汇集点，等等。这些关口均为福建盐区食盐中转运输的枢纽，而因为漕运、盐务的繁荣，附近的聚落得以发展兴盛。

（一）分布于内陆河流交汇处

福建盐区运盐聚落最显著的特征是多分布于河流的交汇处。其原因有三：第一，福建盐区各个分区中都有多条重要的河流及其支流，干支流的交汇处多会形成大大小小的平原地带，因交通之便，这些地带就会形成大小不一的集散中心；第二，河流交汇处水运航道方向多，辐射能力和通达能力较强；第三，水资源丰富，人们可以在此生存繁衍。

如西路盐区的南平县（今南平市延平区）、东路盐区的黄崎镇（今福安市下白石镇）等，均为政府设立盐业机构、盐政部门的首选位置。从集散中心至各个盐埠的途中，盐船在行驶一段距离后往往需要停靠岸边休憩，或者改用陆运以抵达终点，类似这样的休憩点或转运点往往会成为大部分商品的转运中心。

在西路和东路盐区中，内陆河流交汇口数量众多，因此运盐聚落也多。但因为水运条件和关口设置的不同，其运盐聚落的分布也有差异。笔者以第二章对行盐线路的解读为基础，对这两个分区的运盐聚落分布特征进行分析。

1. 西路盐区运盐聚落

西路盐区主要涵盖闽江上游区域及建溪、富屯溪（邵武溪）、沙溪流域。从历史上看，明清时期福建盐区西路食盐行销均以福州为起点，其中有四条线路均要逆江上行，途经水口镇，再至南平县，然后到闽北浦城县枫林关、崇安县分水关、光泽县杉关（图3-22）。

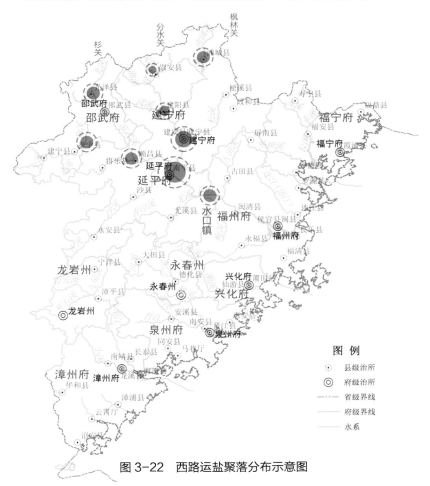

图3-22 西路运盐聚落分布示意图

根据上述分析，笔者总结出西路运盐聚落及其分布如下：沙溪、建溪、闽江交汇处的延平府南平县（今为南平市延平区），建溪和松溪交汇处的建宁府建安县（今属建瓯市），富屯溪（邵武溪）与金溪交汇处的顺昌县（今属南平市），富屯溪与麻阳溪（古称武溪）交汇处的建阳县（今属南平市建阳区），西溪、北溪、富屯溪（邵武溪）交汇处的光泽县（今属南平市），南浦溪与柘溪交汇处的浦城县（今属南平市），金溪与梅溪交汇处的泰宁县（今属三明市）等。

2. 东路盐区运盐聚落

东路盐区以交溪（长溪）、霍童溪（外渺溪）为其主要水运线路，以白石巡检司为起点的两条线路串联了多个运盐聚落。按照行盐线路可以得出：福安并销松溪、政和、寿宁三县之盐，而宁德并销古田、屏南二县之盐。明《福建运司志》对东路运盐过程中停靠的聚落有一定的记载：

> 往时福清盐徒驾船装载私盐，由镇东历南浇、北浇，一泊福宁州烽火门港边，于嵩山、秦屿、铜山等处散卖，一泊福安县古镇门外，而黄崎以上外塘、樟港、廉村、穆村等处小船接买，一泊该县麻屿港边，与宁德县云淡门西去五里水漈以上，霍童、莒等处小船接买。①

笔者实地走访发现，如今的福安市廉村、樟港村、穆阳镇、下白石镇（白石巡检司所在地），霍童溪串联的霍童镇、莒洲村、寿山村、康里村等均受盐运影响甚深，至今还能找寻到"盐"的踪迹（图3-23）。以上村落均位于盐运河流附近或者河流交汇处。

---

① （明）江大鲲，等.福建运司志[M]// 于浩.稀见明清经济史料丛刊：第1辑第29册.北京：国家图书馆出版社，2012：1-2.

图 3-23　寿山村茶盐古街入口牌坊

（二）分布于河流入海口处

对于福建而言，发展海上运输远比发展内陆河流运输更为有利。因为濒临海洋和多深港良湾等得天独厚的地理条件，福建从古至今都是中国海上走廊的一部分，其港口城市的发展也是日新月异，而福建盐区的食盐行销更是脱离不了海上运输。从清《福建盐法志》的记载来看，福建沿海地区盐场分布均匀，靠近盐场的港口为食盐运输的第一站，海商均要在此卸货，水商均要在此装船，因此这些河流入海口的地段均为盐商活动的密集处，往往是大型的食盐运输集散场所。南路盐区的福州港历史悠久且人烟繁盛，各县澳盐区的港口更是星罗棋布，而泉州港舟船辏集，至今被世人称为"海上丝绸之路"的起点。这些港口不仅是重要的对外贸易中转站，也是盐业贸易的商业大港。

1. 南路盐区运盐聚落

南路盐区包括闽江下游的侯官县和闽县。前已述及，南路主要行销官盐，由官府运输。虽然南路盐区的覆盖范围小，但由于其位于闽江入海口,再加上有省会城市福州作为商贸中心,因此南路盐区地位特殊,是整个福建盐区中最大的食盐集散地。除此之外,福州为盐商运输食盐的必经之地,西路山区所需食盐绝大多数来源于此,正如时人所说:"鱼盐之利,福兴之民取之。"

南路盐区整个区域即为一个大型的盐业运输中心。按照府城内外可以将其分为福州府城和福州港口两个区域。所谓"百货随潮船入市,万家沽酒户垂帘",说的就是福州港口和福州府城的景象。

福州城内自古以来便"颇饶鱼盐、果实、纺织之利",不仅福州城附近分布有众多盐场,闽县和侯官县也是盐官和盐商聚集之地——福建盐法道衙署、醝营公馆、粮驿道署、按察使署等与盐业相关的建筑均在福州府城中心地带(今鼓楼区)。

福州城外建港历史悠久,自古以来便是闽江流域食盐等货物的集散地。盐商先在沿海各场装盐上船,经海陆交通运至闽安等批验所,后在浦下关南台仓贮存,然后改用河船或浮船,通过闽江及沿江支流将食盐运销各地。除此之外,福建盐船也制造于此,福州港口往来的盐船曾经多达数千艘。

由上述可知,无论是福州府城内的盐业建筑,还是城外的运盐大港,都表明南路盐区与福建盐运活动有着密切的关联。

2. 各县澳盐区运盐聚落

各县澳盐区的运盐聚落主要分布于晋江、九龙江入海口区域。具体而言,受盐运影响较大的为安海镇、水口镇、海澄县、南安县、莆田县等地。各县澳盐区中,赴泉州府运盐的盐船由南水关验盐,赴漳州府运盐的盐船由石码关验盐。

途经晋江的盐船均由南水关进行盘验,而南水关的所在地即为晋江支流西溪、东溪的交汇处。根据清《闽省盐场全图》和清《福建盐法志》中关于配运线路的描绘可知，福州盐场的食盐经过海运至泉州港口，而后进入晋江，盐船会在泉州府城西南侧水门进行停船吊验，再运往永春、德化、大田等县的盐埠。该区域地处洛阳江和晋江交汇处，且临近晋江入海口，是海商转运食盐的重地（图3-24）。此外，临近入海口的城镇也是盐船停靠之地，例如安海镇安平港停靠去浯洲场的盐船、石狮市蚶江港停靠去台湾府盐场的盐船等。这些港口背山面海，港道深阔，不仅利于避风，也利于停泊。

注：据《闽省盐场全图》标注。

图3-24 泉州港验船示意图

各县澳盐区中，九龙江入海口处也是福建食盐的大型集散地。其中，清《福建盐法志》记载的石码关位于海澄县月港附近，为盐船进入九龙江至漳州各盐埠的关卡（图 3-25）。漳州月港为明朝海禁时期兴起的港口，部分盐商在这里进行私盐贸易。直到清代，政府才加大对各县澳盐区私盐的管控，在月港附近建立石码关进行验船管理。

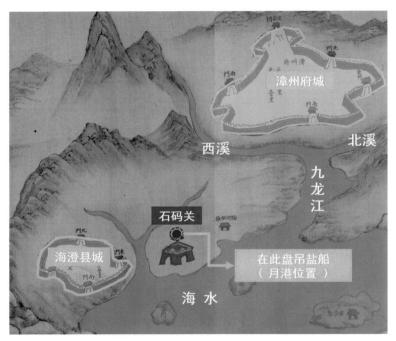

注：据《闽省盐场全图》标注。

图 3-25　漳州港验船示意图

三、运盐聚落的形态特征

运盐聚落根据其规模可分为大型运盐聚落和中小型运盐聚落。其中，大型运盐聚落空间尺度大，多为府城、县城聚落规制，以食盐的管理、贮存、销售为主要职能；中小型运盐聚落多为村、镇级别，这些聚落因为盐运及其他贸易活动形成商业区，与原有聚落形态结合在一起，以食盐的运输或转运为主要职能。因为地理位置不同，福建盐区运盐聚落的形态特征也有所不同，总体上可归纳为以下两点：

（1）南路和各县澳盐区多为大中型运盐聚落，且多分布于河道入海口处，其职能更加偏向于食盐的管理、贮存、销售等。例如，福州府城、安海镇、永宁镇等聚落空间中会有衙署、盐仓等建筑，其商业区靠近运输码头，可衔接远端产盐聚落的主要街道。其整体规划多为矩形，道路系统呈"十"字形，城内多有河流可通行盐船，城外有护城河衔接盐运河流。

（2）东路及西路盐区的运盐聚落多临近河道发展，以运输业为其主导业态。这类运盐聚落多在盐运河道两岸形成商业型民居聚落，为食盐贸易重要的转运节点。这类聚落多位于群山环抱的盆地之中，为村、镇级别的聚落，其空间形态自由，以街市为中心，街巷衔接水运码头，街巷布局以主街为轴线，呈"鱼骨形"。

（一）大型运盐聚落

1. 南路盐区运盐聚落

在福州曾流传着这样一句歌谣："横街巷口酒米店，惠泽境内择棕毛"。福州自古以来便为我国东南著名的商业城市之一，城内商贾云集，府衙遍布，城区人口"不下数十万家"；城外港口更是商船林立，人潮涌动，商贾往来络绎不绝。

前面曾说过，福建盐商几乎都为福州府侯官县或闽县人，其原因在于福州府商人因地缘、财力、人脉等优势，更加容易获得闽盐的行销权。这里是盐商和盐官的聚集地，绝大部分盐场的食盐要在此处汇集，造册入仓。经过南路盐区的盐商要事先准备好运销食盐的水程票，注明姓名、引目等，凡经过府县巡捕、巡司衙门，就要呈验水程票，待巡捕、巡司查证真伪后，方可驾驶河船或溪船到各指定地界销售食盐；食盐销售完毕，水商再将水程票缴交官府。正因为福州城是食盐行销过程中最为重要的大型集散场所，这里不少街巷和建筑就与盐运有着密不可分的关系。

福州府城内的街巷由十二条主街构成，主街两侧又分布着长短不一的巷子，整体形态较为规整。从区位来看，主要的盐业建筑地处南北主干大街（宣政街和南大街）和东西主干大街（新街）的交汇处，且相互紧邻。城内的盐业建筑可以按职能分为管理、居住、教育、祭祀四种类型（图3-26）。

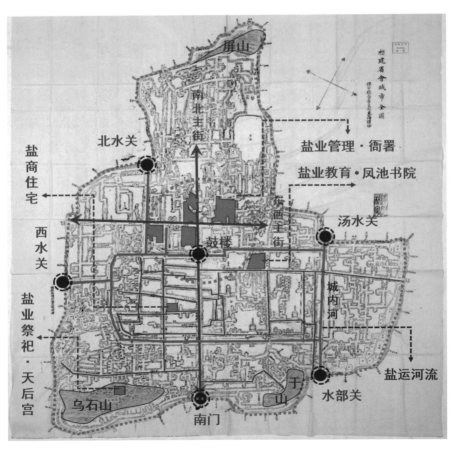

注：据清《福建省会城市全图》标注。

图3-26　福州城内盐业建筑分布图

其中，盐业管理建筑包括闽浙总督衙署、盐法道衙署、鹾营公馆、粮驿道署、按察使署（图3-27）。盐商住宅位于福州城居住区，即现今闻名遐迩的三坊七巷区域。由盐商和盐官共同建立的凤池书院位于鼓楼东侧，紧邻正谊书院，为福建"四大书院"之一，是福州城内盐商和灶户子弟的教育活动中心。乌石山天后宫为盐商筹资兴建，是西路盐商举行祭祀活动的主要场所。

　　由上述盐业建筑的分布可知，盐业建筑群占据了福州府城内最为核心的位置，对城内空间形态具有整体上的控制作用。而乌石山天后宫位于府城南门西侧乌石山顶，其南横瞰长江，东控大海，西接上游诸溪。虽然乌石山天后宫现今不复存在，但根据上述描述可知，天后宫位于府城入口西侧的最高处，为当时的地标式建筑之一。

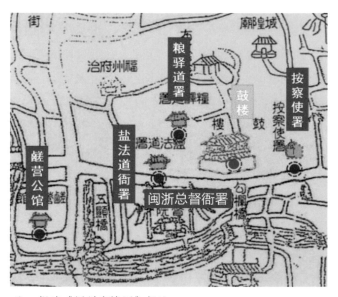

注：据清《福州府城图》标注。

图 3-27　福州城内盐业管理建筑分布图

除此之外，福州城内部分街巷的名称也与盐业相关，例如现今的鼓西路曾因北侧有盐法道衙署而被命名为"盐道前路"（图3-28）。

图3-28　盐道前路（今为鼓西路）

福州府城不仅是盐官聚集之地，也是盐商的大本营。"谁知五柳孤松客，却住三坊七巷间"，近代诗人陈衍口中的"三坊七巷"即福州城内最为繁华之地。自宋朝起，三坊七巷便是福州上层士大夫集中居住的街区。到了清代，随着福建世袭盐商家族的出现，这里便成了富家大贾、名门贵族的聚集地。三坊七巷以南北走向的南后街为轴线，西侧由衣锦坊、文儒坊、光禄坊组成，东侧由杨桥巷、郎官巷、塔巷、黄巷、安民巷、宫巷、吉庇巷组成（图3-29）。三坊七巷素有"明清古建筑博物馆"之称，内部的高墙大院以三进院落和四进院落为主，内部庭院坐落在正中心，两侧均为厢房，厅前有天井。现存衣锦坊内的欧阳氏民居原为清代闽清郑氏盐商住宅，始建于清康熙年间（图3-30）。

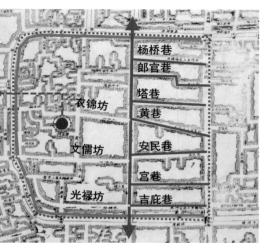

注：据《福建省会城市全图》和今卫星地图标注。

图 3-29　三坊七巷古今平面图对比

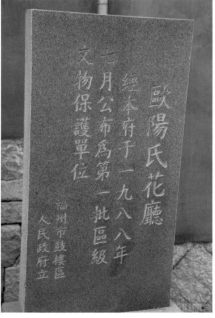

图 3-30　福州欧阳氏民居今貌

2. 各县澳盐区运盐聚落

各县澳盐区覆盖范围较广，其主要的运盐聚落集中在晋江、九龙江入海口处。根据清《闽省盐场全图》分析可知，各县澳盐区的运盐聚落以府城、县镇等大中型运盐聚落为主，其中府城主要是泉州府、漳州府，县镇主要是安海镇、海澄县、福清县（表3-9）。

表3-9 各县澳盐区运盐聚落形态示例

运盐聚落名称	图示	说明
泉州府		图中有关文字为"泉州府至西仓同知衙门五十五里，至安海通判衙门六十里"及"盘吊盐船在此"。泉州府位处晋江入海口处，有南水关对盐船进行盘验，是重要的大型转运节点之一
漳州府		图中有关文字为"至石码四十里，至海澄县五十里"。位于九龙江入海口处，有石码关对盐船进行盘验

（续表）

运盐聚落名称	图示	说明
安海镇		图中有关文字为"安海通判衙门，至丙洲场五十里，往浯洲场由此过海"以及"大盈巡检衙署"。安海镇内设有衙门及巡检司，是明清时期对盐船收税的主要港口，也是该区域食盐卸货检验的重要节点
海澄县	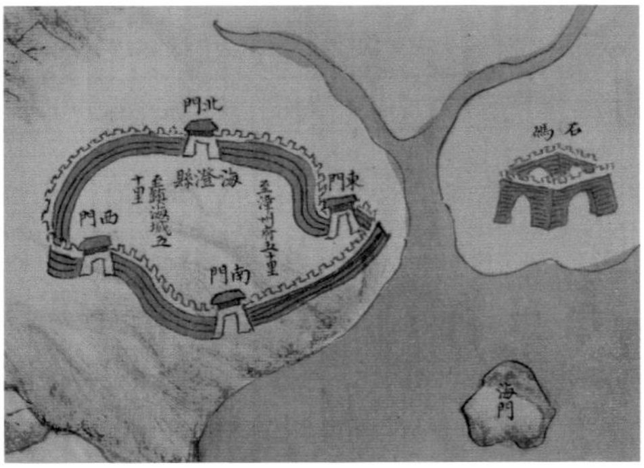	图中有关文字为"至漳州府五十里，至镇海城五十里"。海澄县周边设有石码关，为各县澳盐区两大盐运关口之一，是食盐海运重要的起始港口
福清县	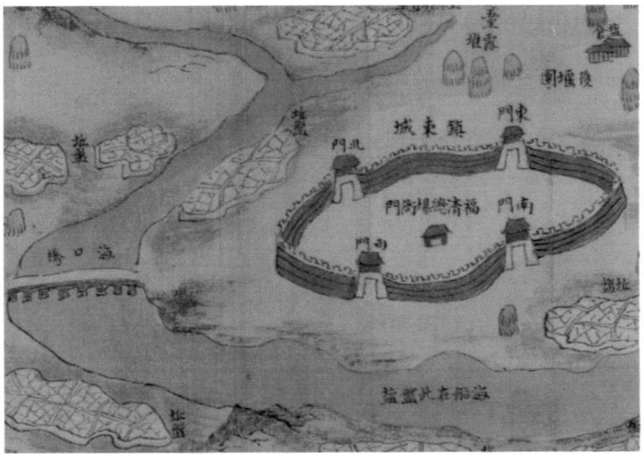	图中有关文字为"福清总场衙门"及"海船在此盘盐"。西侧海口桥衔接盐场和县城。福清县为食盐转运节点之一

注：图片来自清《闽省盐场全图》。

（二）中小型运盐聚落

1. 东路盐区运盐聚落

不同于南路盐区和各县澳盐区，东路盐区虽有交溪入（长溪）海，但是因为该入海口狭窄，背靠大山，平原面积小，因此东路盐区的聚落形态更多是受到内陆河流的影响。

在明清频繁的食盐贸易活动等诸多因素的共同作用下，受到盐运影响的东路盐区，其传统聚落多带有以街市为中心的布局特点。街市为盐商和百姓提供了固定的贸易地点，促进了早期商贸聚落的形成。

东路盐区运盐聚落多山环水绕，布局自由，主要以商道为轴线发展。其中，青石板路、商铺、仓库以及行商会馆为其主要的组成元素（表3-10）。福建盐商多为家族世袭，且宗教信仰盛行，商人多会在商业集镇空间兴建庙宇、家祠等建筑，部分运盐聚落也会以宗教庙宇为纽带，形成一种复合型聚落空间。

笔者通过走访调研发现，霍童溪沿线村落为东路盐区中最有特点的运盐聚落。其中，霍童古镇、降龙村、康里村、寿山村等都处在同一条商道上，因运盐而兴，商道也保存较好。据当地人介绍，霍童溪一线被称为"茶盐之路"，可见古代的商品运输对沿线聚落的发展有很大带动作用。

在这条"茶盐之路"上，霍童古镇因紧邻霍童溪这条内河，上可至莒洲，下可达三都澳出海口，区位优势十分明显。且运进屏南、政和等地的食盐均要在此地集散，因此霍童古镇为东路盐区的大型中转码头。据当地人介绍，旧时的街市长达两公里，宽丈余。石板街两旁多为客栈、店铺。下街、横街、直街是霍童古镇重要的街道，其他街巷与此相交，形成了错综复杂的空间格局。

降龙村、康里村、寿山村均为"茶盐之路"上的主要商埠。对比发现，这三处运盐聚落均有商业集镇的特色，即以商道为主干，两旁民居和商铺依街而建，其他长短不一的街巷则不断往两侧纵深发展（表3-11）。

表 3-10 东路盐区运盐聚落组成元素示例

名称	粮（盐）仓	盐店
图示		
名称	宗祠	商道
图示		

聚落 名称	聚落格局	鸟瞰照片
降龙村		
康里村		

表 3-11　以商道、街市为中心的聚落形态示例

（续表）

聚落名称	聚落格局	鸟瞰照片
寿山村	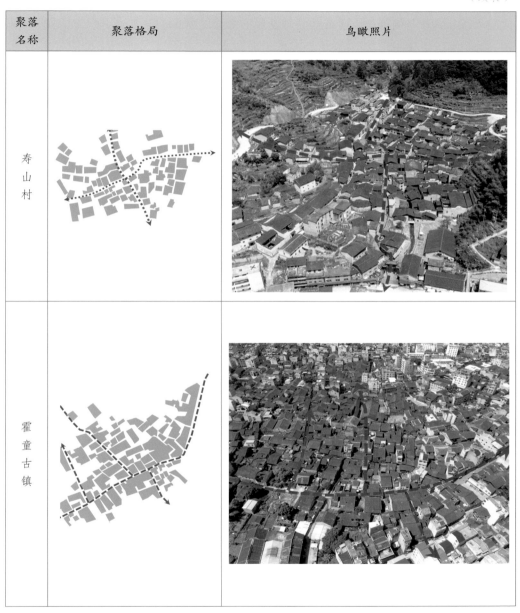	
霍童古镇		

在上述村落，"盐文化"至今随处可见，如寿山村入口竖立着"茶盐古街"的牌坊，还有盐商与盐民的雕像（图 3-31），形态栩栩如生，仿佛诉说着这里盐业贸易的兴盛。

图 3-31　寿山村入口处的盐商与盐民雕像

2. 西路盐区运盐聚落

西路盐区涵盖了闽西北的山区，是福建各盐区中规模最大且以运销为主的盐区。福建盐场分布于东南沿海地区，距离西路盐区较远，盐商主要通过闽江及其支流来运输食盐。在漫长的运输过程中，财力雄厚的盐商在沿线的活动会推动部分商贸型聚落的经济发展。

西路盐区运盐聚落多分布于两条或者多条河道交汇处，这些聚落主要沿着河流的两侧展开布局，形成临水而建的聚落。其最初格局一般是平行于水岸的带状格局，但是随着经济的发展，人口逐渐增加，民居建筑逐渐往远河腹地纵深发展，从而形成扇形或者团状的平面形式（表 3-12）。

表 3-12 西路盐区运盐聚落形态示例

聚落名称	图示
南平县（今南平市延平区）	 
建安县（今建瓯市中心）	 
顺昌县（今属南平市）	 

明清时期的南平县，是西路盐区极有代表性的运盐聚落。1994年出版的《南平市志》载："南平，地处八闽喉襟。"南平县为整个闽江流域的交通中心，位处闽江主要支流建溪和西溪的交汇处，所有运往西路的食盐均要在此地汇集。明清时期，南平县因地理位置的特殊性而设有"剑浦驿"，作为通往闽西北和闽西的驿路枢纽。不仅如此，为了管理食盐运销，政府还专门在此处设立建宁关，盘验由此通过的西路盐商和盐船。根据英国来华摄影家约翰·汤姆森拍摄的南平城照片（图3-32）以及历史资料（图3-33）可知，当时南平县城建溪和西溪两岸商船林立，商铺星罗棋布，集市里人来人往，络绎不绝。城外码头也是热闹非凡，堪比沿海港口。

注：此图由约翰·汤姆森摄于1871年。

图3-32 清代南平城全景

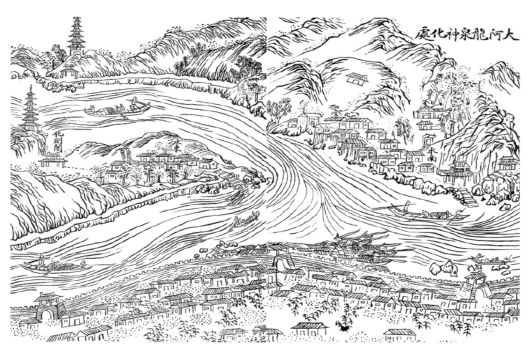

注：图片来自《延平府志》。

图3-33　清代南平县码头景象

　　明清时期，南平县城沿河两岸建筑呈带状布局，形成前街后河、前街后宅的水乡面貌。根据描绘清代南平县码头的古图可以看出，靠着河岸的建筑多为上层悬挑下层悬空的骑楼形式，而街道会在靠水一侧设置牌坊并留出空地，并以石板梯衔接码头。而今，南平县成为南平市延平区，曾经繁荣的码头景象已经不复存在，因为人口的增长，整个聚落空间形态由带状布局演变为团状布局。

四、代表性运盐聚落变迁

（一）泉州府

泉州府位于晋江入海口，呈现出西北、东北、东南凸出，中心城区东西宽而南北窄，形似锦鲤的整体形态（图3-34）。城内河有"八卦沟"之称，通衢街巷之处皆建有石板桥。城池有七个

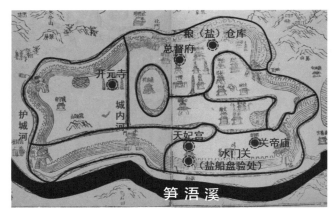

A.《福建通志》中的泉州府图

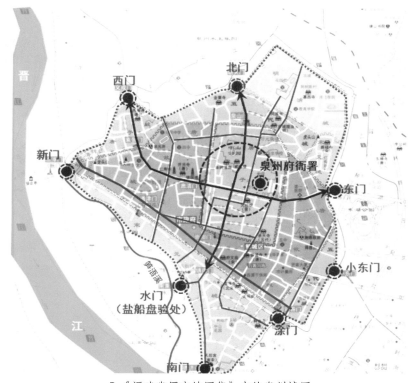

B.《福建省历史地图集》中的泉州城图

图3-34 泉州城格局变迁

城门，分别为东门、南门、西门、北门、涂门、水门、新门，对应有七个水关。其中水门关为明清时期盐船进入泉州府的唯一入口。水门关对应的水门巷是泉州古街巷名，位于泉州老城区，东至中山南路，西至竹街。据清《福建盐法志》记载，运往永春、德化、大田等县的盐船经由水门关盘仓，再运至各地埠馆。水门巷也是原市舶司所在地（图3-35、图3-36）。小巷尽头有一座三义庙，古人借以镇关。

图3-35　泉州市舶司遗址石碑

图3-36　泉州水门巷

（二）漳州府

漳州府位于九龙江主要支流西溪北岸。明清时期的漳州府依旧完整地保留着"以河为城，以桥为门"的形态，除西南角内凹外，整体较为方正。漳州府城内有南北和东西向的两条主干道，相交呈"十"字形，为府城的中轴线。沿着主干道平行发展的道路形制较为规整、平直。城内有河沟，利于商品运输。街巷均以府城衙署为中心发展，盐粮仓皆靠近城内河（图3-37）。现今，漳州古城旧址还保留着明清时期的古街格局和民居特色（图3-38）。

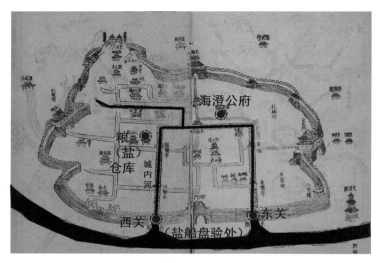

A.《福建通志》中的漳州府图

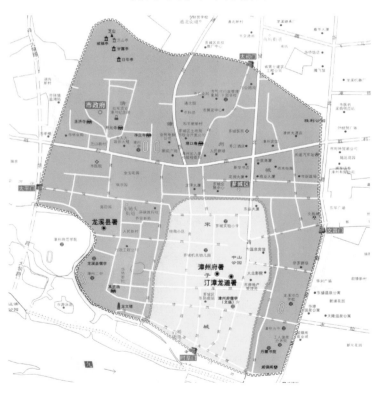

B.《福建省历史地图集》中的漳州城图

图 3-37　漳州城格局变迁

图 3-38 漳州明清古街

对比泉州府和漳州府的城内形态，可知府城内部的食盐运输皆在城内或城外的关口（河口）处进行盘验。盐船通过内陆河流将盐运至府城附近的关口，经过吊验，改由小船通过城内河运入城区的各个盐仓。如泉州府城内河较为曲折萦绕，流经水门、新门、东门附近多个关口，但正东西方向的河流为城中主要运输线路，盐船主要经由笋浯溪附近的水门关吊验，再至城内河；漳州府城内河呈"口"字形，进出的盐船皆由西关和东关盘验，吊验后的食盐改换小船，经由城内河运至城内盐仓。

（三）安海镇（安平港）

安海建镇始于南宋。早在北宋元祐二年（1087 年），泉州开设港口以设立市舶司，泉州府则遣吏在安海设立收税点，号曰"石井津"，即为海关口。元代，在此设立巡检司。清代在此设立安海通判衙门，紧邻浔美盐场，且距离附近浯洲盐场五十里。盐运过程中，海商若要前往浯洲场，必须由安海港口过海才能到达。由此可见，安海特殊的地理位置决定了安海港口是对外贸易以及周边盐场运输的必经之地（图 3-39）。

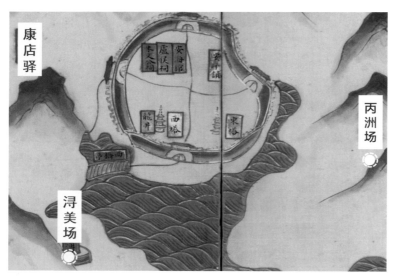

注：据明《泉州府卫所图》标注。

图 3-39　安海镇与盐场的位置关系

安海港口的贸易十分兴盛，时人称其"港通天下商船，贾胡与居民互市"。迁界后，这里曾被夷为平地，"顺治初年……拆安海城石，造东石寨，城遂废"[①]。安海在迁界后二十余年里，杂草丛生，航道淤塞，商贾破产。复界后，作为运输盐粮和对外贸易的重地，安海照旧制重新修建。官府督令士兵开辟荒地，将原安海城的废墟全面清理，照着明朝旧制重新规划街巷。经过几年的苦心经营，安海逐渐恢复旧规，兴建起了九大建筑群。后来又开了海禁，外洋大船常停泊于此。

---

① （清）周学曾 . 晋江县志：上 [M]. 福州：福建人民出版社，1990：197.

第四章

福建盐运古道上的建筑

闽盐古道虽然是因食盐运销而产生，但其涵盖面极广，几乎覆盖了福建全境，且形成了较为稳定的历史商贸线路。其运输路径联系了明清福建经济发达的东南沿海地区与偏远的闽西北山区，又深入到下级的州县城镇聚落。

盐场大使主导了产盐聚落的市政建设，盐商则推动了产盐和运盐聚落的经济发展。但福建盐运活动对聚落的影响不仅限于整体规划层面，根据第三章对产盐聚落和运盐聚落的分析，盐业建筑对于盐业聚落的形成也有着至关重要的作用。产盐聚落中的盐业建筑包括盐课司公署、场内盐仓、各类祠庙寺观以及盐民宅居等，运盐聚落中的盐业建筑包括盐官衙署、场外盐仓、祭祀建筑等。福建盐区各个分区因受自然、经济、人文及宗教信仰等诸多因素影响，其建筑风貌也有所不同。

本章，笔者将闽盐古道上的盐业建筑划分为盐业衙署、销盐建筑、盐商宅居、文教建筑和祭祀建筑五类。这些建筑或与盐有着密不可分的关系，或间接受到盐业活动的影响，都是福建盐运古道上的宝贵遗产。

盐业衙署

一、盐业衙署的类型

为了保证福建盐区的正常生产和运销，从元朝开始，政府便设立了大量的盐政机构来管理盐务。到了明代，关于福建盐务的分层管理愈加完善，盐政机构也相应增多。

清初，福建承袭旧制，以都转运盐使司为最高盐政管理机构。雍正四年（1726年），清政府裁撤都转运盐使司，福建地区改由盐法道管理盐务。盐法道下设库大使、掣验大使、盐课司大使等官员对盐业进行管理，而福建各盐场均设置盐场大使主持日常事务。另外，福建全省各个主要关口均设立了批验所及掣验关，主要包括：竹崎批验所、闽安批验所、浦下掣验关、西河掣验关、水口掣验关、延平掣验关。此外，从康熙三十年（1691年）起，清政府在各场派驻都察院御史巡视盐政。

为了保证食盐生产及运输的正常进行，政府会在运盐线路上设置不同等级的控盐机构（图4-1），并根据其职能和需求建造相应的建筑。

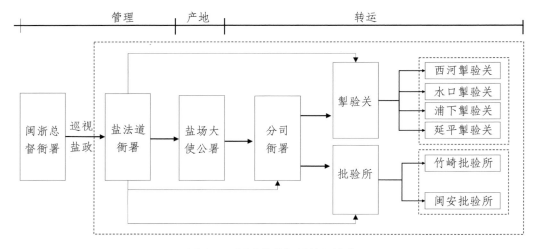

图 4-1　福建盐业衙署等级排序

（1）闽浙总督衙署，为闽浙总督起居办公的场所，总管福建、浙江军民政务。该机构代表中央监管福建盐区，是巡查盐务和管理盐政的最高地方机构，位于福建政治经济中心与盐区枢纽——南路盐区的福州府内。

（2）盐法道衙署，为福建盐法道起居办公的场所，是二级控盐机构。清代裁撤都转运盐使司后，政府专设道员管理盐法，处理重要盐务，督察盐场生产，平定盐价，兼理水陆挽运之事，依时奏报察核。盐法道专门监管盐务，其衙署也位于南路盐区的福州府内。

（3）盐场大使公署，为盐场大使起居办公的场所，是管控盐场生产的基层机构，主要管理场内盐民、盐商的活动以及盐场的日常事务，位于各盐场的中心位置。

（4）分司衙署、批验所、掣验关，为管控食盐运输活动的机构。不同于前三级机构，此三类控盐机构职能明确、单一，专门管控食盐转运活动。其中，批验所及掣验关位于福建盐区各行盐线路的主要关卡处——闽江、晋江、交溪（长溪）、九龙江的重要节点之上。而分司衙署则位于盐场及批验所或掣验关之间，负责食盐运销征税及稽查私盐等事务。

由上述可知，等级较高的控盐机构位于盐业中心地带，而等级较低的盐业机构则位于运销线路上。无论等级高低，各类机构各司其职，都是保证福建盐业活动稳定发展的重要组织，缺一不可。

二、盐业衙署的特点

受所在地建筑风格等因素的影响，福建盐区各类盐业衙署的建造方式有所不同。但总体来看，明清时期盐业衙署布局依旧主要遵循封建礼制和职官制度。从现存资料来看，封建社会宗法观念下的等级制度在盐业衙署建筑的布局中表现得极为明显，不同等级的衙署布局差异较大，包括规模大小、厅堂开间、屋顶样式、院落层次等都有差别。《大清会典》对盐业衙署的规制记载如下：

> 各省文武官皆设衙署，其制，治事之所为大堂、二堂，外为大门、仪门，大门之外为辕门，宴息之所为内室、为群室，吏攒办事之所为科房。官大者规制具备，官小者以次而减……盐运使司、粮道、盐道，署侧皆设库。[①]

总的来说，盐业衙署除了有中轴对称、呈院落式布局的特点，还有以下特点：

---

① （清）昆冈，等.大清会典：卷五十八 [M].清光绪石印本.

（1）中轴建筑次序基本相同，东西路建筑布局较为灵活。其中第一、二等级盐业衙署布局为纵向三条轴线，第三、四等级盐业衙署布局为纵向一条轴线。以上均以中路为主，而中路布置皆以大堂为中心，前后顺序基本为：照壁或者牌坊—大门—仪门（二门、前堂）—大堂—二堂—三堂（后宅）（表4-1）。大门外若另设门则称之为辕门。等级较低的盐业衙署不设牌坊或照壁。若有东西两路，其布局也稍有不同，根据功能需求布置，如：盐法道衙署东路设库，为一进院落，轴线呈东西向，从二堂东院门进入；闽浙总督衙署东路为科部，为多进院落，轴线呈南北向，从大门进入。

表 4-1 福建盐区盐业衙署基本组成元素示例

名称	照壁		门
图示			
名称	厅堂（治事之所）		合院
图示			

（2）前衙后宅，封闭规整。"凡治必有公署，以崇陛辨其分也；必有官廨，以退食节其劳也，举天下郡县皆然。"[①]前衙即为处理盐务等公务之处，而后宅则为盐官及其亲属居住区。前衙后宅为皇宫前朝后寝建筑布局的再现。此外，衙署四周围以院墙，与外界相隔绝，内部则由重重院落组成，更加显现出盐业衙署等级森严的特点。

（3）功能集中，多设有盐库和庙宇。盐业衙署布局基本分为治事区、办事区、宴事区、盐储区、祭祀区。其中，治事区为中轴线上的大堂、二堂区域；办事区为西路或者东路院落；宴事区位于大堂后方或者侧方；盐储区为盐业衙署特有的功能区，一般位于东路院落；祭祀区位置不定，福建盐业衙署多见关帝庙与马王庙。

三、代表性盐业衙署分析

（一）闽浙总督衙署

关于闽浙总督衙署的变迁，清《福建盐法志》曾有记载："总督公署，原按察使司署，顺治十八年总督李率泰移驻于此，康熙二十年总督姚启圣捐俸市民居，拓南数十步，建衙置辕门。"[②]由此可知，总督衙署前身为明朝按察使司衙署，清顺治年间改为闽浙总督衙署。该衙署为福建等级最高的控盐机构，位于福州城区中心、盐法道衙署南侧（图4-2）。该建筑已不复存在，仅可从老照片中窥见一二。该址之上现为榕城大剧院。

---

① （明）沈榜. 宛署杂记 [M]. 北京：北京古籍出版社，1980：15.
② （清）佚名. 福建盐法志 [M]// 于浩. 稀见明清经济史料丛刊：第1辑第29册. 北京：国家图书馆出版社，2012：319.

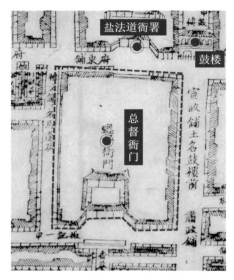

图 4-2 清《福建省会城市全图》局部

关于闽浙总督衙署的平面布局，现今留存资料较少，笔者根据清《福建盐法志》总督部堂衙署图对其平面布局进行分析（图 4-3），总结如下：

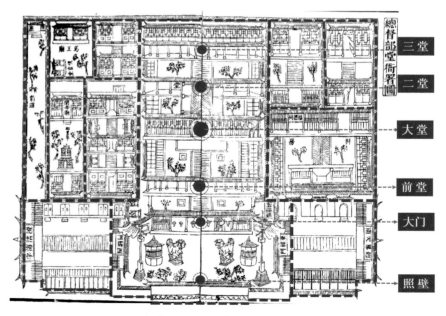

A.清《福建盐法志》总督部堂衙署图

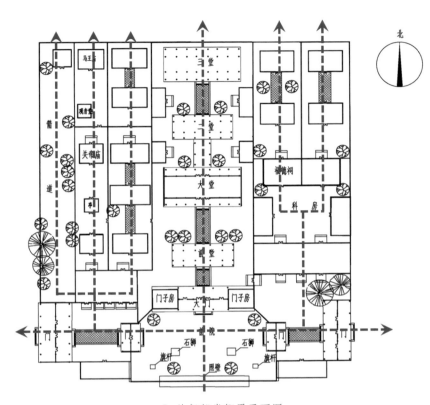

B.总督部堂衙署平面图

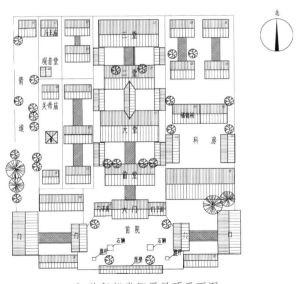

C.总督部堂衙署屋顶平面图

图 4-3　闽浙总督衙署平面布局

闽浙总督衙署整体布局方正、规整、严谨。根据推测，其纵深约有180米，宽度约有120米，由35座建筑组成。整体院落坐北朝南，平面布局纵向三路，主轴院落居中，与东西两路以院墙相隔，并不互通。设门五座，南北向为正大门，东西设西大门、西辕门、东辕门、东大门。

中路院落为主体建筑，从南至北依次为：照壁—大门—前堂—大堂—二堂—三堂。大门为三开间，左右两侧设有门子房，呈"八"字形，寓意"正大光明"，其前设一对旗杆、一对石狮。大门前院东西两侧为西辕门及东辕门，门前皆有东西向门院，正对大街再设两门，东大门题字"经署天南"，西大门题字"澄清海宇"，彰显总督府崇高的地位。主轴线大门后无仪门，径设前堂，前堂后为大堂前院，其纵向延伸，是总督衙署建筑群最大的院落。大堂、二堂和三堂各配有东西厢房，为治事之所，其中大堂与二堂以中间连廊衔接，呈"工"字殿布局。

除此之外，闽浙总督衙署建筑为一品官员住宅，按照规制，其厅堂为七间九架，屋脊用瓦兽，梁栋、檐角青碧绘饰，梁栋饰以土黄，门三间，绿油兽面锡环。

西路院落由西侧大门前院进入。西路院落纵向又分为三条轴线，自西向东依次为演武区、祭祀区及官厅区。演武区为狭长的箭道。祭祀区由马王庙、观音堂、关帝庙、廊云亭组成两进院落。官厅区由五座建筑纵向组成两进院落。西路院落为官员起居办公和举行祭祀、演武等活动的场所。

东路院落由东侧大门前院进入，由十座建筑组成。笔者推测东路院落即为吏、户、礼、兵、刑、工的"六科房"。

（二）福建盐法道衙署

福建盐法道衙署为专门管理福建盐业活动的机构，位于福州府城中心的鼓楼西侧，闽浙总督衙署北侧。该址之上现为民房。关于福建盐法道衙署的研究资料较少，仅《八闽通志》《福建盐法志》等志书有关于其变迁的详细记载：

> 按旧记，宋转运行衙在威武门西南，东为运判司，西为转运司。而于其南同一门曰西总。熙宁既筑子城，并二司为一，更其门东向。政和间，并提刑司而迁转运行司于府东迎仙馆。靖康元年，又以廉访使者衙为之，在试院之西即旧驻泊厅地也，而迎仙馆遂为转运东行司，寻废。元更置福建等处盐课市舶都转运使司于福星坊内，旧福星馆后或为福建等处都转运使司，或为福建盐课都提举司，或为福建等处都转运盐使司，更改不常。皇庆元年，移置谯楼之西，即宋西外宗正司也。明洪武初，改为福建都转运盐使司。成化十四年，运使康骥重建正堂之东夹室，二十三年运使金迪重建后堂及外门。①

由此可知，福建盐法道衙署前身为宋代运判司及转运司，后经历过多次迁移和修建。明代，此处为福建都转运盐使司。清初，政府裁撤都转运盐使司，改设盐法道，衙署仍在旧址。关于福建盐法道衙署平面布局的资料较少，笔者根据清《福建盐法志》中的盐法道衙署图对其平面布局进行分析（图4-4），总结如下：

盐法道衙署与粮道衙署共用方形地块，布局较为规整。根据推测，其进深约有120米，宽度约有110米，由28座建筑组成。整体院落坐北朝南，平面布局呈"纵三横二"的轴线形式。南

---

① （清）佚名.福建盐法志[M]//于浩.稀见明清经济史料丛刊：第1辑第29册[M].北京：国家图书馆出版社，2012：319-320.

北主轴院落为主体建筑，与纵向东西路院落以院门相通。设门两座，分别为头门（大门）与二门（仪门）。盐法道衙署为专门处理福建盐务的机构，不同于其他衙署，该院设有盐库贮存食盐。

中路院落为主体建筑，从南至北依次为：牌坊—大门（头门）—二门（仪门）—大堂—二堂—三堂。其中头门与仪门均为三开间，头门不位于中轴线上，而是同北京四合院一般，辟于宅院东南角"巽"位。头门前设旗杆一对、石狮一对。仪门前为狭长的外院，在其东西两端设有明光庙及关帝庙。纵向主轴以仪门为起点，后为大堂前院，为盐法道衙署中最大的院落。大堂、二堂、三堂为三开间建筑，且两侧均设有耳房。大堂前院两侧设有厢房，二堂前院两侧设有院门，是通往东西路院落的横向轴线之一。

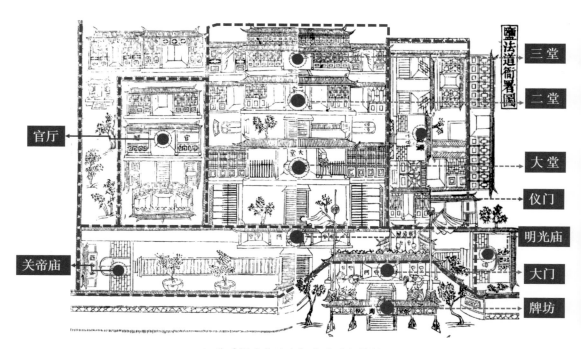

A. 清《福建盐法志》盐法道衙署图

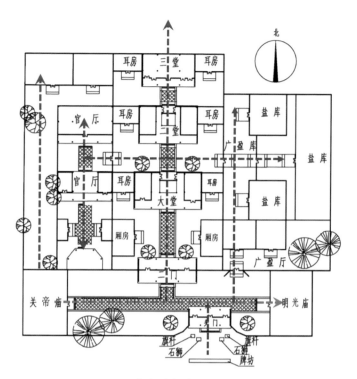

B. 盐法道衙署平面图

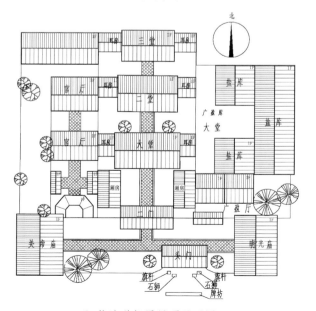

C. 盐法道衙署屋顶平面图

图4-4 福建盐法道衙署平面布局

西路院落主要为起居办公之所，由二堂前院西侧院门进入，由五栋建筑组成。其中三栋建筑纵向排列，中间建筑两侧设有厢房，靠南侧的建筑根据图示推测为戏台。该院落西侧还设有狭长的倒"L"形院落，根据图示可见由三栋建筑组成，两旁种植树木，应为衙署附属院落。

东路院落为盐法道衙署的盐库，存放福建南路盐区食盐，主要由盐官销售至埠地。东路院落整体布局坐东朝西，由六座建筑组成。该院落不同于中路及西路院落，有两个入口，其中一门正对头门，一门位于二堂前院东侧，门上分别题字"广盈厅"及"广盈库"，寓意盐业繁荣昌盛。

第二节

销盐建筑

明清时期，福建的食盐运销受到国家严密管控，运销过程中有各层关卡及分司进行监管。销盐建筑即盐运线路上由政府或盐商建造的与食盐销售相关的建筑，主要包括盐仓、盐店等。限于福建盐店的图文资料较少，且盐入官仓是食盐运销活动中最为重要的一个环节，本节即以盐仓为重点讨论对象。

一、盐仓的类型

按照所处位置的不同，可以将福建盐仓分为场内盐仓和场外盐仓。

（一）场内盐仓

场内盐仓即盐场内建造的盐仓，由场内大使及盐商管控，主要用于存放刚生产出来的食盐。场内盐仓数量较多，基本每个盐团都有至少一个盐仓（图4-5），部分盐场的场内盐仓可达20多个。场内盐仓较为分散，且多位于盐田与民舍之间，以便于管理。

福建的场内盐仓现已全部被毁，相关文字记载也较少。笔者根据清《福建盐法志》中诸盐场图示，对各个盐场内的盐仓数量进行了粗略统计，如表4-2所示。

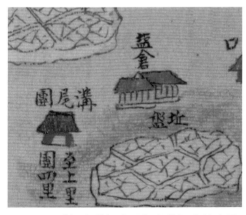

图4-5 《闽省盐场全图》中的场内盐仓图示

序号	盐场名称	场内盐仓数量	序号	盐场名称	场内盐仓数量
表4-2　清代福建盐区场内盐仓数量粗略统计					
1	福清场	27个	9	莲河场	25个
2	江阴场	12个	10	浦南场	13个
3	福兴场	16个	11	诏安场	8个
4	莆田场	8个	12	惠安场	8个
5	下里场	5个	13	浔美场	13个
6	前江场	6个	14	鉴江场	缺少相关记载
7	浯洲场	12个	15	淳管场	
8	祥丰场	21个	16	漳湾场	

注：据清《福建盐法志》统计。

（二）场外盐仓

场外盐仓为称掣盐斤的重要场所，用来贮存多地盐场的食盐，由官署掌控。根据清《福建盐法志》记载，地方自场运盐，由海船运至省城南台浦下湾泊江干，由浦下委员盘验，再以河船运赴各馆销卖。由此可知，南路盐区设有一个大型盐仓基地，是政府专门集中贮存各地食盐的主要场所。根据推测，福建场外盐仓有多个，集中建于南台（今福州市仓山区），在《福建盐法志》中将其统称为南台仓。

二、代表性盐仓分析

鉴于福建盐区场内盐仓已无相关遗迹，且留存的图文资料较少，因此本节仅以场外盐仓南台仓为分析对象，借以探究福建盐业仓储建筑的空间布局及特点。

南台仓位于今日福州市仓山区一带。自古以来，南台便是盐商云集之地，福建各次级盐区的食盐均需先经由海上运输送至南台仓，称掣后再运往各盐区。换言之，福建内陆山区的食盐皆出于此。关于南台仓的空间布局及其变迁，《福建鹾政全书》中有着详细的记载：

> 洪武五年，创二十四厂，环以高墙；弘治间，运使金迪重修，仍建官厅外门；正德间，运使钱承德建大厅、夹室、门廊及神祠、碑亭、警夜楼、公廨诸所；嘉靖间，商人创私仓百余所；万历间，以此山为藩司，前案不宜开凿，撤去三之一。今见存仓厂一百七十四间：商人陈兴等盐仓一十九间，陈庆吉等盐仓一十八间，王大隆等盐仓一十间，周铎等盐仓一十八间，倪进等盐仓三间，林常裕、陈鸿等盐仓共三十七间，廖子潜等盐仓二十七间，洪贞贤等盐仓二十四间，连龙、张万寿等盐仓二十八间。[①]

由上述可知，明弘治年间，转运使拨款重修南台仓，并监管其事务。不同于场内盐仓的分散布置，南台仓是由 24 座建筑组成的建筑群，以合院式的集中形态进行布局：建筑群四周围以院墙，除盐仓建筑外，还设有大厅、夹室、门廊、神祠、碑亭、警夜楼、官署等建筑。其中警夜楼为哨兵值班防守之处，神祠为祭祀场所。由此可见，南台仓的形制等级高于普通场内盐仓。大厅及官署的设立也反映出南台仓在官控盐仓中的地位。

南台仓后来经历了多次扩建，到了嘉靖年间，福州遭受倭寇侵犯，南台仓惨遭洗劫，原本的盐仓受到了严重损毁。后经盐商筹资修建，南台仓的盐仓数量多达百余所，此时也出现了商人创立私仓的情况。清末，南台仓被毁，改为民居。

南台仓分布于今江南桥至天安寺一带，烟台山北麓道路由此被称为"仓前路"，烟台山被称为"仓前山"。现存南台仓遗址位于福州市仓山区仓前街道，该建筑坐南朝北，占地约 100 平方米。根据相关记载，该建筑为坡屋顶、穿斗式木构架、面阔 4 间、进深 2 间。现今木柱仅剩 4 根，损坏较为严重。

---

① （明）周昌晋.福建鹾政全书：卷上 [M].明天启七年活字印本.

盐商宅居

　　盐商宅居是盐商在运销食盐时，为了久居或者短期定居于盐产地或盐销地附近而修建的宅邸。相比于普通商人，盐商的财力更为雄厚，其活动范围广，又多为福建本地人，因此其宅居形式会受到宅居所在地、盐商原籍地乃至盐运线路沿线等多地的地域文化以及盐业经济等诸多因素的影响，同时显现出盐商的财力和审美倾向。

一、盐商宅居的类型

　　福建盐区的盐商按照其经营场所可以分为场商、水商、岸商，与此对应，盐商宅居也有不同的规模和功能（图4-6）。

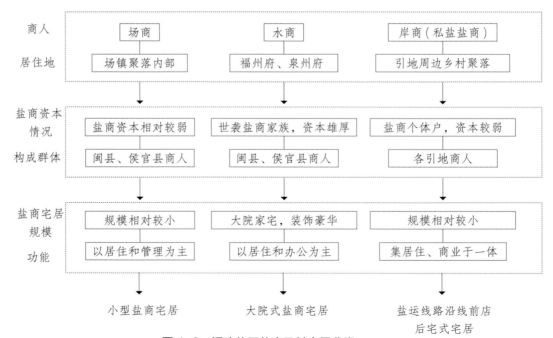

图4-6　福建盐区盐商及其宅居分类

（一）场商民居——小型盐商宅居

　　场商是驻扎在盐产地的盐商，他们主要负责监管盐场灶户和盐丁的食盐生产活动，并靠收售食盐转卖给水商来获取利润。场商宅居多位于场镇聚落中，兼具居住和办公功能。关于场商宅居的资料较少，现存的盐场古地图也只能展现出场商宅居的规模大小和分布状况，对于其内部形态和建筑构造已无从考究。

（二）水商民居——大院式盐商宅居

　　水商即运销食盐的商人，按照清《福建盐法志》中的记载，其又分为西路、东路、各县澳盐商。水商因行盐路线较长，盐税较高，所以资本最为雄厚且为世袭盐商家族。这类盐商主要通过在各地修建的盐馆来进行食盐销售活动，因此在修建自宅时往往无须考虑商业功能。他们在福建的商业中心——福州及泉州城内大兴土木，建造由多个院落组成的大院式宅居。福建世袭盐商家族多与官绅交好，受到传统礼教思想熏陶，其宅院多强调中轴对称，媲美官宦家宅，以突显地位和财力。这类盐商家宅以大型院落宅居为主，但因所处区域不同，建筑风格和营造技术也有所差别（图4-7、图4-8）。

图 4-7　泉州庄氏大院

图 4-8　泉州巽来庄

（三）岸商民居——前店后宅式宅居

岸商是引岸的底层商贩，他们不同于历代世袭的盐商家族，一般为当地的商人。水商到达盐区指定商埠后，除了自行售卖食盐，还会将部分食盐以高价售卖给岸商，再由岸商转卖给民众。岸商多居住于闽盐古道沿线的乡村聚落中，与私盐的销售有很大的关系。岸商会雇佣掌柜和伙计来经营盐铺，这些雇工晚上往往就住在店铺中，因此这些盐铺多兼具商业和居住功能。具体来说，这类建筑主要位于专卖食物或食盐的商业街，如宁德寿山村盐店街、康里村玉带街等。

二、盐商宅居的特点

（一）前店后宅式宅居的特点

此类盐商宅居规模较小，一般位于街市之上，其建筑横向排列，不拘泥于南北方向，主要垂直于街道，以形成沿街商铺形式。建筑整体一般以四合院为基本组成单元，呈现出进深长、面宽短、轴线对称布局的形式（图4-9）。此外，根据盐商的财力，这类宅居又有单进和多进院落之分，按照纵深排列依次为：街巷—店铺—天井—住宅。

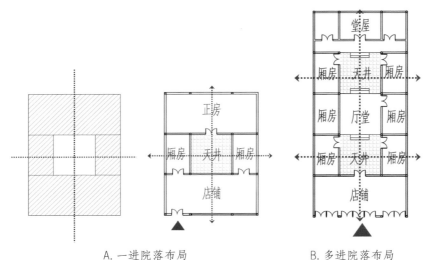

A. 一进院落布局　　　　　　　B. 多进院落布局

图 4-9　前店后宅式宅居平面布局

（二）大院式盐商宅居的特点

世袭盐商家族大多人丁兴旺，同族贩盐，且数世同堂，拥有相当雄厚的财力。因此，这类盐商的宅居多位于南路盐区的福州府及各县澳盐区的泉州府内，规模较大，兼具居住和办公功能。此外，因盐商盐务繁忙，经营范围广泛，宅居中多设有接待官绅及议事的厅堂。这类宅居体量较大，建筑精美，多以轴线对称的形式体现家族结构，并强调伦理关系。建筑主体多采用砖木混合结构，并因不同区域建筑风格的差异，在形制上有所不同。按照戴志坚教授对福建民居的类型划分，这类盐商宅居可以分为南路盐区的多进天井式宅院、各县澳盐区的并联合院型宅院和府第式土楼等形式。

1. 多进天井式宅院

第三章在分析南路运盐聚落时，提到南路盐区的三坊七巷自古以来便是福建达官显贵及大盐商的居住之所。南路盐区不仅是福建盐业经济中心，也是世袭盐商家族的大本营。这里最常见的盐商宅居布局为纵向组合的多进天井式。整个建筑主要由数个四合院纵向拼接而成，具有总体面宽小、进深大的特点，如此可以很好地适应南路盐区高密度的城市街巷布局，也满足了盐商家族群居的需求（图4-10、图4-11）。除此之外，这类宅居会在后部或者侧面设置花厅、书斋，并配以假山、水榭，使整个宅居院落典雅精致，突显出盐商的财力及审美情趣。

图4-10　福州市三坊七巷鸟瞰图

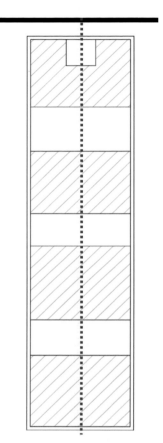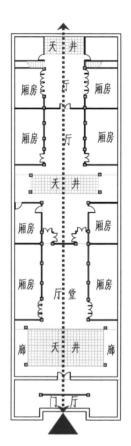

A. 多进天井式宅院平面示意图　　B. 福州市三坊七巷欧阳氏民居平面图

图 4-11　多进天井式宅居平面布局

2. 并联合院型宅院

　　并联合院型宅院是盐商宅居中最为常见的形式，它由几个纵向的合院并排而成，具体规模根据盐商家族的人口与财力而定，以一到两跨居多。不同于前述南路盐区的宅居形制，这类盐商宅居不受地理空间限制，可向两旁扩展。除此之外，这类建筑多以红砖为外墙，建筑主体多刻有精美的石雕，彰显主人气派。

在泉州地区，对这类传统四合院式住宅普遍以"三间张""五间张"称呼，横向增加的为"护厝"。其中，以泉州山腰盐场的庄氏大院（又称"小三房古厝"）最为典型。

3. 府第式土楼

府第式土楼又称"五凤楼"。不同于普通民居土楼，这类土楼受封建等级制度的影响极深，强调中轴对称，其中必有高大且建于中轴线上的开敞厅堂，用于接待官绅及处理公务。大堂前设有左右对称的横屋，大门前设有晒谷坪。这种府第式土楼院落重叠，主次分明，防御性强，符合盐商或者盐官的身份与地位。这类建筑中，以泉州永春盐官林悠凤所建造的巽来庄最为典型（图4-12）。

A. 府第式土楼平面示意图

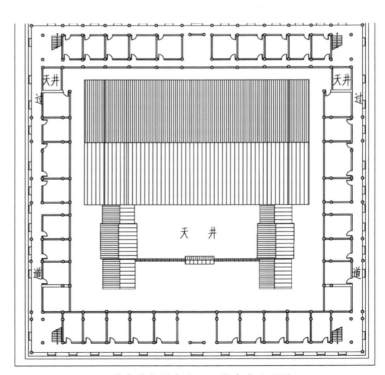

B. 盐官林悠凤家宅——巽来庄平面图

图 4-12 府第式土楼平面布局

三、代表性盐商宅居分析

（一）泉州山腰小三房古厝

　　泉州山腰盐场位于湄洲湾南岸，至今还在以埕坎晒盐法进行盐业生产。根据史料记载，山腰盐场最早可以追溯到清乾隆六十年（1795 年），由山腰庄氏家族庄捷轩建立。海盐的生产是当时山腰地区的支柱产业，"山腰盐"名扬海外，庄氏盐商带动了整个区域的经济发展。山腰古建筑遗存较多，除了庄氏盐商的家宅——小三房古厝，还有后文将提到的山腰祠堂。

　　小三房古厝，位于山腰埭港村，由九座大小不一的建筑组成，其中最能体现盐商财力及审美品位的为下厝的两座并联式四合院宅居（图 4-13）。

　　下厝由东西两座三进五间张"皇宫起"的大厝并联组成，西大厝面宽 18.5 米，东大厝面宽 15.5 米，进深均为 32 米，两座大厝占地面积约为 2143 平方米。该宅居坐北朝南，建筑主体为穿斗式木结构，悬山式屋顶，燕尾式屋脊。宅居整体布局舒展规整，为庄氏盐商耗费巨资建造，历时 4 年得以完成。在单体建筑名称上，第一进为"下落"，第二进为"顶落"，第三进为"后落"（图 4-14）。整个宅居左右两侧增加了与主体建筑垂直的长屋，称为"护厝"，俗称"四马拖车"。东西两座大厝皆由下厅、顶厅和后厅组成，下厅两侧厢房称为"榉头"，其他厢房称为后房及大房。整个建筑内部庭院空间丰富，层次分明，护厝入口与门厅之间以卷棚方亭相连接，作为盐商书斋和接待客人的场所，其景观十分雅致。

图 4-13 泉州山腰小三房古厝下厝鸟瞰图

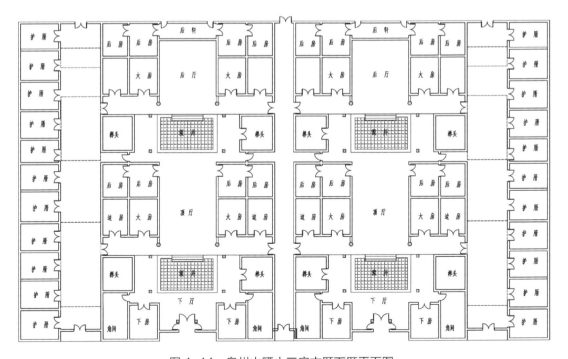

图 4-14 泉州山腰小三房古厝下厝平面图

除总体布局外，该建筑的构造及装饰艺术也体现了庄氏盐商雄厚的财力及较高的审美水平。其正立面主要由红砖构成，墙基及墙裙以花岗岩砌筑（图4-15），内部由多根木柱支撑（图4-16）。其屋脊飞翘，雕梁画栋，门框、檐口、墙板、柱础等均饰以山水人物、祥禽瑞兽（图4-17、图4-18），反映出屋主不俗的品味。

图4-15 古厝立面

图4-16 古厝室内构造

图4-17 古厝屋脊飞翘

图4-18 古厝木雕梁架

（二）欧阳氏民居

欧阳氏民居位于福州市三坊七巷中的衣锦坊内，清初为闽清盐商住宅，后被欧阳氏兄弟合资购买，并且在原本建筑基础上加以重修（图4-19）。

图4-19 欧阳氏民居鸟瞰图

整个建筑坐南朝北，占地面积约为1200平方米，由东西两座多进院落组成，包括正座两进民居和隔院花厅（图4-20），宅院四周围以封火墙。正座门头建筑面阔三开间，进深三柱，后为六开间门廊。中为门厅，门厅中设屏风（图4-21），两侧为耳房。屏风后为石框大门，门上刻有鹿鹤等祥禽瑞兽，寓意"鹿鹤同春"。大门后即为天井，石板铺地，三面环廊道。正屋面阔12米，进深13米，其堂前设有前廊，面阔三间，进深七柱。中为厅，左右为厢房。建筑的装饰异常精美，门扇、木柱、门梁、檐口或雕梁画栋，或贴金描花。

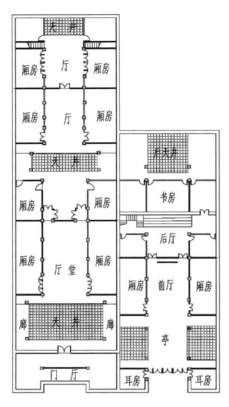

图4-20 欧阳氏民居平面布局

图4-21 欧阳氏民居门厅

该民居最有特色的是隔院花厅，又称"欧阳推花厅"。西隔院面积约有 400 平方米，由背向的花厅、覆龟亭及书房组成。前后花厅中间隔以木扇墙，前花厅为三开间，由客厅、厢房组成。书房与客厅相对，进深 3.5 米，三开间，中为堂，堂前有八扇屏门（图 4-22），两旁为书房，有四扇撑开式窗子。覆龟亭内部两侧设有美人靠。后花厅为木构建筑，前廊后房，廊前设有吊柱，刻有花卉植物，造型精美（图 4-23）。

图 4-22　欧阳氏民居　　　　图 4-23　欧阳氏民居后花厅
　　　　　内部屏门

（三）巽来庄

巽来庄，位于泉州市永春县五里街镇仰贤社区，始建于清乾隆四十二年（1777 年），是一座典型的府第式方形土楼，由盐官林悠凤历时三年建成。当地人也叫它"山美土楼"。

该宅居的取名与"盐"颇有渊源。《周易》中有"巽为风"的说法，因此"巽"位被看作是风的入口。清代，福建食盐生产系用埕坎晒盐法，卤水在盐池中经过曝晒，产生水蒸气，需要风将其带走，否则会影响卤水的持续蒸发，因此盐的结晶与自然风的流动有极大的关系。盐官林悠凤特地以"巽来"（风来）为其住宅取名，自然是希望盐业生产顺利。而土楼匾额上的"庄"字多了一点，也是有意为之。流传下来的说法是，林悠凤靠卖地发家后，被朝廷封为盐官，但林悠凤并没有任何自主权，而是不断亏钱，所以在雕刻石匾时，林悠凤故意让工匠在"庄"字上多加了一点，隐含压迫之意。

从整体布局来看，巽来庄坐北朝南，有东、西、南三个楼门。南门为正门，在上方石匾上刻有"巽来庄"三个大字。巽来庄占地 3100 平方米，有房间 96 间，曾经住了 400 多人。土楼从外部看上去就是一个二层的建筑，高度大约为 9.5 米（图 4-24、图 4-25）。其中一层墙体由花岗岩和鹅卵石砌成；二层墙体为黏土夯筑而成，厚 0.8 米。边墙各开有 13 个窗户，并置有枪眼，这和土楼本身的防御功能以及林悠凤作为盐官的安全防护需求有关系。二楼设置了回廊，可通往该层的其他空间。巽来庄的平面布局基本呈现"囤"字形（图 4-26、图 4-27）。

图 4-24 巽来庄正立面图

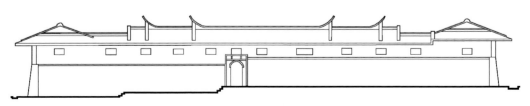

图 4-25 巽来庄东立面图

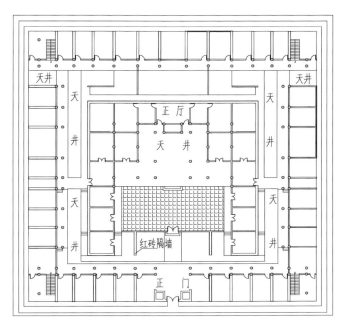

图 4-26 巽来庄一层平面图

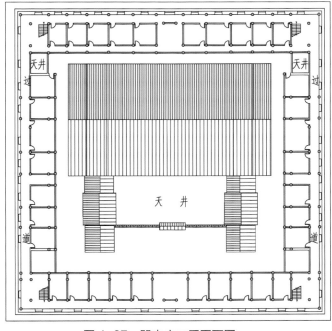

图 4-27 巽来庄二层平面图

巽来庄从外部看就是一座方形土楼，朴实无华，但其内部其实别有洞天。走进大门可以看到红砖隔墙和石铺的庭院。庭院后为正厅，其中放置着林家先人的牌位和遗像（图 4-28）。再后面则是后院，曾被后人修缮过。在其东西两边，有两面和红砖墙垂直的镂空墙，和普通墙相比，这两面墙上有非常漂亮的图案，被叫作"六雀墙"，如今已是闽南不可多得的古迹（图 4-29）。

图 4-28　巽来庄正厅

图 4-29　巽来庄"六雀墙"

巽来庄作为府第式土楼，采用中轴对称的布局方法，以正厅为主体建筑，前为门楼、厅堂，东西两侧为横屋，且院落重叠，层次分明，反映出严格的封建等级制度。其最具特色的就是正中间开敞的厅堂，这里是接待官绅或祭祀祖先的场所。正厅按照官府宅邸大堂的形制建造，面阔七开间，硬山顶，燕尾脊，抬梁和穿斗式混合构架，廊柱底部配上精雕细刻的辉绿岩鼓形柱础（图4-30），属典型的清朝官邸建筑装饰手法。梁枋、雀替上饰有精美的雕刻，内容多为"八仙过海"等民间传说（图4-31、图4-32），具有装饰作用和教育意义。

图 4-30 巽来庄柱础

图 4-31 巽来庄梁枋人物雕刻

图 4-32 巽来庄梁枋木雕

文教建筑

　　明洪武年间，政府曾规定乡里凡三十五家皆设一"社学"。因此，从明代开始，各盐区就在盐官主持下开办社学。盐业社学主要面向各盐场的盐商及盐户，意在通过教育改善盐区及各个产盐聚落的社会风气。不同盐区建造社学建筑的位置有所不同，如两淮盐区主要建在各盐场内部，而福建盐区主要建于盐业经济中心——福州城内，以官办的凤池书院、鳌峰书院及正谊书院为代表。除了官家子弟，这些社学还面向各盐商家族的灶户子弟开放。

　　清代，随着世袭盐商家族的兴起，盐商与盐官的交往也愈发密切，不少盐商开始投资建设书院。部分书院除开展教学活动外，也成为盐官及盐商的聚集活动之所。

　　本节仅以凤池书院为例，对福建盐业文教建筑加以分析。凤池书院位于福州三牧坊内，为清代福建四大书院之一。关于凤池书院与盐商的关系，清《福建盐法志》中有着详细的记载：

　　　　凤池书院在福州府三牧坊，即共学书院，旧址系盐商所建，因日久倾塌，归并鳌峰书院。嘉庆二十二年，总督汪志伊捐廉倡建，义取养蒙，名曰圣功，经费不足。道光元年，盐法道吴荣光谕商公捐以备束脩、膏伙，归盐道办理，更名凤池学舍，二十二间。第一进为头门，二进讲堂，三进二堂，四进藏书楼，东庑为监院、为揽辉楼，西庑为致道堂、为佳士轩。道光四年正月，总督赵慎畛奏请御制匾额，是年二月颁到御书正学明道匾额。①

后凤池书院与正谊书院合并，今为福州第一中学，已不见昔日书院旧景。关于凤池书院平面布局的资料较少，笔者根据清《福建盐法志》凤池书院图对其平面布局进行分析（图4-33），总结如下：

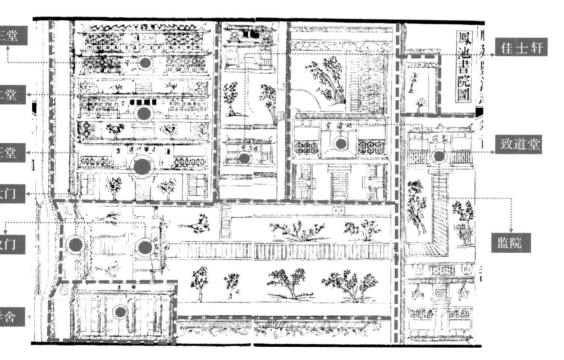

A.清《福建盐法志》凤池书院图

① （清）佚名.福建盐法志 [M]// 于浩.稀见明清经济史料丛刊：第1辑第29册.北京：国家图书馆出版社，2012：321-322.

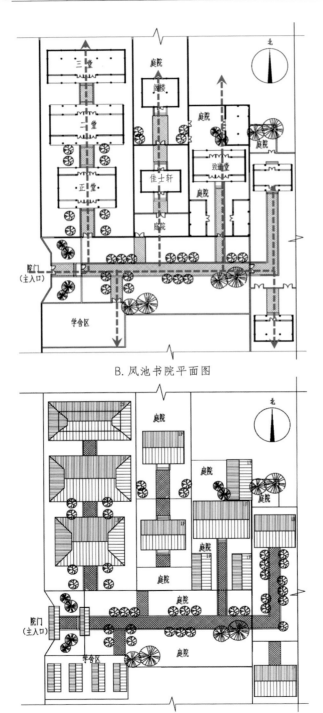

B. 凤池书院平面图

C. 凤池书院屋顶平面图

图 4-33　凤池书院平面布局

凤池书院整体坐北朝南，由23座建筑组成，布局规整，有园林风貌。凤池书院入口设于西南角，西向，为八字门，大门后设有门楼。由老照片中可以看到，该门楼呈亭形，为八柱三开间歇山顶，檐下垒有层层斗拱，甚为壮观。

书院主体建筑靠向街道，右侧设有并排的两座院落。主体建筑由南到北依次为：头门—正堂—二堂—三堂。正堂面阔三间，二堂与三堂面阔五间，二堂是讲师授课的主要场所，三堂为藏书阁。清末，二堂改修为文昌宫，根据老照片可知文昌宫为单檐歇山顶，面阔五间，设有前廊，建筑主体为砖木混合结构（图4-34）。

东庑为佳士轩和致道堂组成的院落，是盐官及盐商活动的主要场所。

东庑右侧又设有监院，为处理公务的主要场所。除此之外，还在大门南侧设有学舍，为学子日常起居之所。每座建筑旁皆附有小院子。整个书院因由官商所建，因此强调轴线对称，但部分区域又有私家园林的风貌，楼阁相望，亭台相济，建筑设于层层丛绿间，富有野趣，在营造出文人书院特有的恬静淡雅氛围的同时，又彰显出了盐商和盐官的地位。

图4-34　凤池书院的文昌宫

第五节
祭祀建筑

一、盐业祭祀建筑的类型

盐业聚落的组成较为复杂，受自然环境、经济结构、血缘关系等诸多因素的影响，盐业聚落中的公共建筑也呈现出多元化的特征，但大部分以服务于盐业活动为核心功能。盐业祭祀建筑作为重要的公共建筑，包括盐业会馆及寺庙祠观等类型（表4-3）。

盐业会馆多由盐商与盐官共建，既用于祭祀神祇，又为盐商举行同乡会等活动的重要场所。在福建，人们普遍将同乡会馆称为"天后宫"。而盐业祭祀活动也分为多种，主要目的是祈求盐业丰收、盐运顺利以及盐商内部团结。

福建地理环境较为独特，山高水远，部分埠地盐运路线较为坎坷，航运更是艰难，盐商经营盐业有很大风险。因此，财力较强的世袭盐商家族多会投资兴建同乡会馆以供奉海神妈祖，祈求水运顺利，而游散的当地盐商则会兴建家庙家祠以求盐业昌顺等。

表4-3　福建盐区盐业祭祀建筑示例

类型	示例	
盐业会馆	泉州天后宫	莆田天后宫
	宁德天后宫	福州船政天后宫
家庙家祠	蔡氏家庙	山腰祠堂

　　前文已多次提到，福建盐商活动最为频繁的区域是南路盐区及各主要河流交汇处。因此，福建盐业祭祀建筑的分布也以南路盐区最为密集，类型也最多，包括天后宫、关帝庙及家祠家庙等。从具体位置来看，盐业祭祀建筑大多数位于各场署附近或盐作区附近（表4-4）。

表 4-4 福建盐区产盐聚落中的祭祀建筑示例

场名	福兴场	福清场
图示	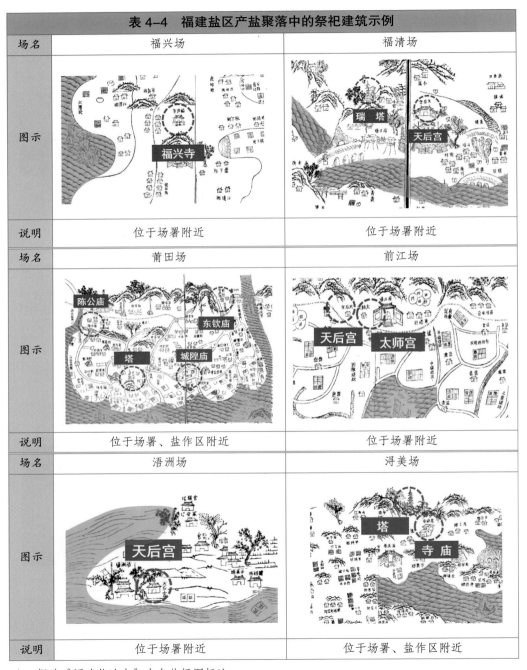	
说明	位于场署附近	位于场署附近
场名	莆田场	前江场
图示		
说明	位于场署、盐作区附近	位于场署附近
场名	浯洲场	浔美场
图示		
说明	位于场署附近	位于场署、盐作区附近

注：据清《福建盐法志》中各盐场图标注。

二、代表性盐业祭祀建筑分析

（一）乌石山天后宫

乌石山天后宫位于福州城乌石山上（图4-35），又因在石壁间而得名石夹庙，是福建西路盐商主要的祭祀场所，也是盐官商议盐务之所。据清代郭柏苍所写《乌石山志》和《重建福州乌石山天后宫碑记》可知，乌石山天后宫原为祠堂，后

注：据《福建省会城市全图》标注。

图4-35　乌石山天后宫所在位置

增设神祠，改为天后宫。乾隆四十四年（1779年），盐商在天后宫西部增建报功祠，专门祭祀为福建盐业做出贡献的盐法道员及相关先贤。嘉庆年间，在天后宫后侧增建文昌阁，供奉文昌帝君；在天后宫左侧增建关帝庙，并且摹塑闽山庙东、西、南三溪滩神十像，以保佑船运；再在其右侧增建财神庙，以求盐业销额丰盛。

后因建筑部分结构腐朽老化，光绪三年（1877年）开始对乌石山天后宫进行修缮，将建筑底座、栏杆、柱础改为石造，"使山气不得上蒸"。除此之外，又将天后宫左侧空地辟出，增建三仙楼。

乌石山天后宫的存在印证了盐商对于福建会馆建设的贡献，其本身也是福建盐业会馆的主要代表之一。

（二）宁德蔡氏家庙

宁德蔡氏家庙位于宁德市蕉城区蕉北街道，由蕉城蔡氏十六世祖蔡志谅主持建造。蔡志谅也是闽东革命先驱蔡威的高祖父。蔡氏家族为当地赫赫有名的盐商家族。根据《宁德县志》记载，蔡志谅曾经多次捐赠盐粮与朝廷；蔡威舅父林振翰曾在鳌峰书院接受教育，后任职盐官。

蔡氏家庙整体按照山东孔府和孔庙的形制修建。建筑占地约2000平方米，坐西朝东。其中，中间院落为主体建筑，按照纵向排列依次为：大门—仪门—二堂—头堂。主体建筑左侧为厨房，右侧为文昌阁。主体建筑与附属建筑皆以回廊及天井相连接（图4-36）。

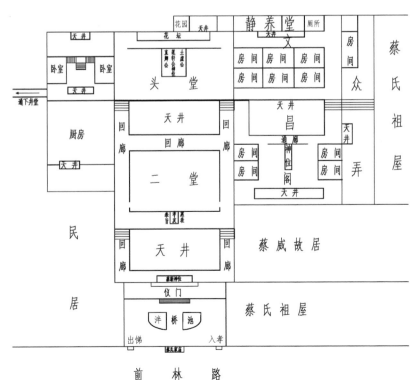

图4-36 蔡氏家庙平面布局

仪门前有一个半月形水池，名为"泮池"；水池中央横跨一座青石拱桥，名为"璧水桥"（图4-37、4-38）。跨过水桥即为仪门，牌楼式，歇山顶（图4-39）。穿过仪门、回廊即达二堂，这是蔡氏家族祭祀的主要场所，面阔五间，进深四间，穿斗抬梁式建筑，整体为砖木混合构造（图4-40）。经过二堂后的回廊即进入头堂，厅前设有垂花门，厅堂中间设有神龛。

图4-37　泮池及石桥　　　　　　图4-38　前院

图4-39　牌楼式仪门

图 4-40　二堂

　　二堂高出仪门2.5米，设七级台阶；头堂又高出二堂2米，设五级台阶。如此层层递进，使得蔡氏家庙高低错落，主次分明。外墙则采用青砖垒砌，封火墙隔断内外，自成一统（图4-41）。

　　蔡氏家庙整体高大宏伟，建筑构造精细华美，仪门四角飞檐凌空欲飞，雕刻有人物及花鸟鱼虫，工艺细腻，造型精美；厅堂前檐下有多层斗拱，正厅木构上雕刻有狮子戏球、仙鹤青松等花边图案（图4-42至图4-44）。整座建筑古朴沉稳，既有明清官式建筑的风格，又有闽东传统建筑的特色。

图 4-41　封火墙

图 4-42　屋檐下的多层斗拱

图 4-43　厅堂内部藻井

图 4-44　精美的木构雕刻

（三）山腰祠堂

　　山腰祠堂即庄氏家庙，位于泉州市泉港区山腰镇锦山村，建于明初，初为家宅，后改为家庙，是泉州北部三大著名建筑之一（另外两座建筑为沙格灵慈宫、峰尾东岳庙）。据史料记载，清乾隆六十年（1795 年），庄氏建山腰盐场从事海盐生产，后山腰盐场声名大噪，庄氏成为一方富豪。清嘉庆十四年至十六年（1809—1811 年），庄氏盐商家族兴建庄氏家庙，并在 19 世纪进行过多次修缮。

　　山腰祠堂面阔三间、进深三间，门厅、中厅、大厅沿中轴线纵向排布，由天井分开，以东西两侧连廊连接，大门外为庭院（图 4-45）。该建筑纵深约 54 米，面宽 12 米，占地约 1185 平方米。因为地势原因，建筑前后有将近 1.6 米的落差，以 0.3 至 0.6 米依次增高，使整座建筑显得巍然矗立、气势恢宏。其中，门厅面阔三间，进深两间；中厅面阔三间，进深四间；大厅面阔三间，进深五间（图 4-46 至图 4-48）。

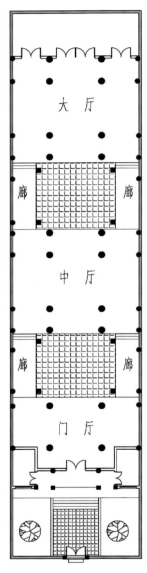

图 4-45　山腰祠堂平面布局

图 4-46　山腰祠堂大门

图 4-47　山腰祠堂中厅

图 4-48　山腰祠堂大厅

　　山腰祠堂内部有 32 对柱子，设于厅堂、大门及连廊处。其中 10 对木柱皆红漆，上镌金字楹联。上方雕梁画栋，彩饰祥鸟瑞兽。

　　屋顶使用橙色琉璃瓦铺就，一对燕尾树立在屋脊尾部；门厅、中厅屋脊分别饰有双龙戏珠、葫芦飘带、鲤鱼跃龙门、飞凤麒麟等雕塑造型；大厅的屋脊中间位置有一座五层小塔，塔两旁屋脊前沿左雕龙右刻凤，寓意着"龙凤呈祥"（图 4-49 至图 4-52）。

图 4-49　山腰祠堂中厅屋脊

图 4-50　山腰祠堂厅廊顶饰

图 4-51　山腰祠堂门框木构雕刻

图 4-52　山腰祠堂室内彩绘

第五章

福建盐运视角下的建筑文化分区探讨

福建盐运分区的历史观察

福建盐区除汀州府因划归两广盐区而不在讨论之列外，其余区域可以鹫峰山脉—戴云山脉—玳瑁山脉—博平岭山脉为界分成两大独立区域，即西北盐区及东南盐区。在福建盐运视野下展开研究，不难发现，东南盐区和西北盐区在地理环境、外来人口分布及盐业经济发展等方面都存在着极大的差异，从而使两个区域的盐业聚落和建筑产生明显变化。

通过前面各章的分析可知，闽盐古道的分布看似互通，其实又各成体系，沿线聚落及盐业建筑独具特色又有共性。西北盐区主要涵盖清《福建盐法志》当中记载的西路盐区，为福建西北山区地带，该区域远离盐业中心区域，是福建盐商的重要市场。西北盐区的运盐聚落多分布于闽江及其三大支流沿线，且分布较散，聚落经济发展缓慢。西北盐区建筑多为文化融合的产物，不仅展现了本土建筑风貌，还反映出外来文化的影响。东南盐区主要涵盖清《福建盐法志》当中记载的南路盐区和各县澳盐区，除了具有临海的优势外，还拥有多条主要河流，因此这里是福建盐业的中心地带。产盐与运盐活动刺激了整个东南沿海区域的经济发展，加速了盐业聚落的市镇化，因此该区域的盐业聚落无论是规划水平还是基础设施建设水平都远远超过西北盐区。

　　总体来看，造成福建东南盐区和西北盐区出现分野的因素有三。

一、山水相隔

　　福建盐区内部有两列东北—西南走向的山脉，一列为福建与江西交界处的武夷山脉，一列为斜贯福建中部的鹫峰山脉—戴云山脉—玳瑁山脉—博平岭山脉。其中，武夷山脉将福建盐区与周边盐区相隔绝，是闽江、汀江与鄱阳湖的天然分水岭，使得福建自古以来就相对闭塞；而鹫峰山脉—戴云山脉—玳瑁山脉—博平岭山脉中，鹫峰山脉向东北延伸，与浙江的洞宫山脉相接，博平岭山脉北起漳平，向西南延伸，进入两广盐区境内，该列山脉群的阻隔是造成福建东南盐区与西北盐区分野的主要原因。

　　除此之外，福建盐区内部溪流大多短而壮，且纵横交错，自成一统，向东南流入大海。在这些河流交汇处多形成平原地貌，如泉州平原、福州平原、漳州平原等。这些区域大多背靠山区，三面环海，自古便是人烟阜盛之处，更有鱼盐之利，与西北山区环境差异极大。

二、人口迁移

　　历史上，大量北方移民进入闽地，对福建的经济文化发展起到了重要作用。这些移民主要由两个方向进入福建腹地：

　　第一，通过邻近福建的江西和浙江进入闽地，在闽江上游地区定居发展。福建因武夷山脉的半包围而与外界隔绝，但是在武夷山和仙霞岭支脉中，有许多与山脉斜交的关隘，是闽赣和闽浙之间的交通要塞，如崇安县西北的分水关、光泽县的杉关、浦城县的枫林关：前者是江西进入福建的必经之路；中者为江西临川、黎川越东兴岭入闽的关口，南朝陈文帝"逾东兴岭，直渡邵武"走的就是这条路线；后者位于闽浙边界，是从浙江入闽的主要隘口。

第二，通过海路进入福建东南部。对于漂洋过海而来的北方移民而言，闽江、木兰溪、晋江、九龙江这四大河流入海口区域，是不可多得的宝地，他们在此扎根，开发各类沿海资源。随着人口的繁衍，部分大家族的分支和随后而来的迁移者沿着四大河流涌入八闽腹地。在此期间，东南及西北两大区域之间并无交流。隋唐五代时期，福建人口急剧增长，逐渐填补了两区之间的空白。

根据北方移民南迁入闽的时间和路线，也可以将福建大致划分为东南沿海和西北山地两个大的区域。其中东南沿海地区包括福宁府、福州府、兴化府、泉州府、漳州府以及龙岩州，而西北山区包括邵武府、延平府、建宁府。这两大区域的划分与福建东南及西北两大盐区的划分极为吻合，从而说明了人口迁移对两区分野的影响。

三、区域经济差距

福建东南盐区与西北盐区的区域经济存在差异。总体来说，唐以前，大量北方移民进入闽地，对福建的经济文化发展起到了重要的推动作用。闽西北地区受到外来文化的刺激，成为福建最早开发的地区。"福建"二字即取自建州和福州，由此可见闽北经济文化极盛的状况。当时闽西北地区人口密度大，经济发展快。而后，福建东南地区以其面临大海的自然优势开始从海上向外发展，渔业、盐业均蓬勃发展起来。因此，到了明清时期，整个福建的商贸经济中心转移至福建东南部。

在此大环境下，福建东南部沿海盐业迅速集中发展，并使得东南盐区与西北盐区几乎成为产区与销区的关系，两区分野即被巩固下来。但这种分野不应被夸大，西北盐区的食盐、海货基本来自东南盐区，而东南盐区居民消费的粮食、手工业材料等则主要来自西北盐区，正是在这种分工与互补的格局下，盐商经由闽盐古道运销食盐的活动所具有的重要作用和意义才突显出来。

福建盐运分区与建筑文化分区

　　从本书第二章的分析可知，自然地理环境是影响盐运分区的主要因素，不同盐区形成了自己的盐业文化交流区，从而有一定的文化趋同性，这一点自然也会体现在建筑文化方面。明清福建盐区内部各分区的形成是在行政区划分的基础上，参考了各地的交通情况尤其是水运交通的便利性和各区域的地理状况来进行调整的，若是一条河流具有距离盐场近和可通航的条件，那么盐商必然会选择此条线路运盐，这样不仅可以降低食盐损失的风险，又可以高效地完成运输活动。如前文提及的政和及松溪两县，虽归属建宁府却不属于西路盐区，而是被划分到东路盐区，主要原因有二：其一是划入东路盐区后食盐水运线路更短，其二是离东路盐区盐场更近。换一个角度看，不同盐区均是由于交通不便而被分开，这些盐区边界的形成大多是因为山脉的阻隔或者水患使得行船不便。两相比较，福建行政区的划分更多是以山脉脊线为界，而福建盐运分区的划分则更多地考虑了流域因素，不同盐运分区所依赖的主要水运线路不同，因此也可以说盐运分区是按照水运线路来划分的。但需要注意的是，有时河流在地理空间上会有巨大的落差，可顺水运输的地方不一定都可以逆水运输，从而出现同一条河流沿线并非属于同一盐区的特殊情况。

　　同样，自然地理环境也是影响建筑文化分区的重要因素之一，气候条件、地理条件和物产条件对建筑文化体系的形成有着至关重要的影响。根据戴志坚老师的研究，福建传统民居大体可分为闽南地区的红砖大厝、莆仙地区的砖石土木混合型大院、闽东地区的天井式院落、闽北地区依山而建的瓦房、闽中地区的土堡围屋以及独具特色的客家民居土楼等几种类型。将前文的福建盐运分区图（图2-1）与福建传统民居分区图（图5-1）进行对此，可以发现二者间存在较多的相似之处：客家民居分布区基本对应两广盐区的福建部分，闽北民居分布区基本对应西路盐区（包括松溪、政和两县），闽东民居分布区基本对应东路和南路盐区，闽南民居分布区与莆仙民居分布区（原兴化府范围）基本对应各县澳盐区，闽中民居分布区基本对应西路盐区中的永安县全境和尤溪县、沙县的部分地区。这种大同小异的现象正是自然地理环境在建筑文化分区与盐运分区上起到共性作用的外在表现。

一方面，盐运分区本身就是盐商活动范围的直接体现，但盐商的具体食盐运销活动往往要跨越不同盐区——从原籍地出发，途经盐场、盐仓、掣验地、运司、税卡等，最终到达埠地，这一流程会在不同盐区进行，从而促成了不同盐区之间的经济文化交流，尤其是西路盐区的食盐运销活动在促进福建东南、西北两大板块之间的交流融合上做出了重大贡献。与此同时，在盐运的视角下，盐商的食盐运销活动是联系盐运分区与建筑文化分区的纽带，在促进分区之间的经济文化交流上起到重要作用。

另一方面，盐商的食盐运销活动促进了福建各地建筑文化和建造技艺的交流融合，为后世留下了一批珍贵的建筑文化遗产。盐商一般较普通商人财力雄厚，他们在为自己建造住宅时往往追捧官家大宅的建造技艺和布局，用料考究，装饰丰富多样，同时又带有民居灵活多样的特点，从而造就了一批建筑珍品，如前文提到的泉州山腰小三房古厝、巽来庄和福州欧阳氏

图 5-1　福建传统民居分区图

民居等如今已成为福建具有代表性的建筑文化遗产。同时，福建盐商在进行食盐运销活动时还会在盐运古道沿线建造大量的盐业店铺、同乡会馆以及宗教庙宇等各类相关建筑，比如福建盐商在将东南盐区府第式住宅的审美观念和当地的海神崇拜信仰通过盐运古道传递给沿途各地的同时，又学习途经地的建造技艺，带回原籍地，从而使得同一盐运古道上的建筑文化表现出一定的趋同性。

文化是建筑的灵魂，是聚落发展的内生动力。近些年，一些传统村落、古建筑的人为破坏甚至消失令人十分痛惜。然而在我们的田野考察中，笔者也欣慰地发现，"保护茶盐古道"的口号已经在福建省叫响，霍童溪线路上的寿山、降龙等传统村落发展起旅游产业，相关规划和保护措施也在同步实施。可见，无论是过去还是现在，文化都为盐业聚落发展转型提供着源源不断的养分。

影响聚落与建筑形成、发展的因素极为复杂，加之福建盐区家族观念很强、民间信仰多元，因此我们在研究中不能"唯盐论"，但盐运对于福建各地聚落与建筑文化具有重要影响是可以肯定的。闽盐古道不只是一条沟通内部不同盐区的商贸线路，也是一条从古至今持续刺激闽东南沿海与闽西北山区两大板块之间文化交流的线路。希望通过本书的研究，能够深化学术界、文化部门、社会公众对"闽盐古道"这条文化线路的认识，推动对沿线聚落、建筑等历史遗存的整体保护。

参考文献

[01] 郭柏苍，刘永松．乌石山志 [M]．福州：海风出版社，2001．

[02] 佚名．福建盐法志 [M] // 于浩．稀见明清经济史料丛刊：第 1 辑第 29-31 册．北京：国家图书馆出版社，2012．

[03] 江大鲲，等．福建运司志 [M] // 于浩．稀见明清经济史料丛刊：第 1 辑第 28-29 册．北京：国家图书馆出版社，2012．

[04] 周昌晋．福建鹾政全书 [M] // 北京图书馆古籍珍本丛刊：第 58 册．北京：书目文献出版社，2000．

[05] 谢道承．福建通志 [M]．刻本．1737（清乾隆二年）．

[06] 欧阳修，宋祁，范镇，等．新唐书 [M]．北京：中华书局，1974．

[07] 宋濂，等．元史 [M]．北京：中华书局，1976．

[08] 何乔远．闽书 [M]．福州：福建人民出版社，1994．

[09] 谢章铤．赌棋山庄诗集 [M]．刻本．1888（清光绪十四年）．

[10] 闵文振．宁德县志 [M]．刻本．1538（明嘉靖十七年）．

[11] 杜臻．粤闽巡视纪略 [M]．刻本．1699（清康熙三十八年）．

[12] 陈仁锡．皇明世法录 [M]．刻本．明崇祯年间．

[13] 伊桑阿，等．大清会典 [M]．刻本．1690（清康熙二十九年）．

[14] 沈榜．宛署杂记 [M]．北京：北京古籍出版社，1980．

[15] 赵逵．川盐古道：文化线路视野中的聚落与建筑 [M]．南京：东南大学出版社，2008．

[16] 曹春平．闽南传统建筑 [M]．厦门：厦门大学出版社，2006．

[17] 赵逵，邵岚．山陕会馆与关帝庙 [M]．上海：东方出版中心，2015．

[18] 赵逵．历史尘埃下的川盐古道 [M]．上海：东方出版中心，2016．

[19] 崔承章.中国交通史丛谈 [M].长春：吉林人民出版社，2005.

[20] 丁援，宋奕.中国文化线路遗产 [M].上海：东方出版中心，2015.

[21] 赵逵，白梅.天后宫与福建会馆 [M].南京：东南大学出版社，2019.

[22] 赵逵，张晓莉.中国古代盐道 [M].成都：西南交通大学出版社，2019.

[23] 刘乐.川盐古道鄂西北段沿线上的聚落与建筑研究 [D].武汉：华中科技大学，2017.

[24] 张晓莉.淮盐运输沿线上的聚落与建筑研究——以清四省行盐图为蓝本 [D].武汉：华中科技大学，2018.

[25] 张颖慧.淮北盐运视野下的聚落与建筑研究 [D].武汉：华中科技大学，2020.

[26] 肖东升.两浙盐运视野下的聚落与建筑研究 [D].武汉：华中科技大学，2020.

[27] 匡杰.两广盐运古道上的聚落与建筑研究 [D].武汉：华中科技大学，2020.

[28] 郭思敏.山东盐运视野下的聚落与建筑研究 [D].武汉：华中科技大学，2020.

[29] 王特.长芦盐运视野下的聚落与建筑研究 [D].武汉：华中科技大学，2020.

[30] 陈创.河东盐运视野下的陕、晋、豫三省聚落与建筑演变发展研究 [D].武汉：华中科技大学，2020.

[31] 康茜.清代福建食盐运销制度研究——以盐商、盐馆、渔船配盐为视角 [D].厦门：厦门大学，2017.

[32] 赵逵.川盐古道上的传统聚落与建筑研究 [D].武汉：华中科技大学，2007.

[33] 白梅 . 妈祖文化传播视野下的天后宫与福建会馆的传承与演变研究 [D] . 武汉：华中科技大学，2018.

[34] 陈虹 .《德宗景皇帝实录》福建史料及其价值 [D] . 福州：福建师范大学，2009.

[35] 吕小琴 . 明代政策在福建、两淮盐区的效应之比较研究 [D] . 厦门：厦门大学，2007.

[36] 朱去非 . 中国海盐科技史考略 [J] . 盐业史研究，1994 (3)：47-54.

[37] 赖世贤，刘毅军 . 深井与厝埕——闽南官式大厝外部空间简析 [J] . 华中建筑，2008 (12)：215-219.

[38] 张锦鹏 . 论宋代榷盐制度对商品经济发展的影响 [J] . 盐业史研究，2003 (3)：3-7.

[39] 林校生 . 宋代闽东北海盐产销与"盐赏改秩" [J] . 福州大学学报：哲学社会科学版，2017 (4)：5-11.

[40] 叶锦花 . 财政、市场与明中叶福建食盐生产管理 [J] . 中山大学学报：社会科学版，2020 (5)：62-74.

[41] 曾玲 . 明代前期的福建盐业经济 [J] . 中国社会经济史研究，1986 (4)：70-76.

[42] 陈诗启 . 明代的灶户和盐的生产 [J] . 厦门大学学报：社会科学版，1957 (1)：153-180.

[43] 赵逵，杨雪松 . 川盐古道与盐业古镇的历史研究 [J] . 盐业史研究，2007 (2)：35-40.

[44] 赵逵，张钰，杨雪松 . 川盐文化线路与传统聚落 [J] . 规划师，2007 (11)：89-92.

[45] 杨雪松，赵逵 . "川盐古道"文化线路的特征解析 [J] . 华中建筑，2008 (10)：211-214，240.

[46] 杨雪松，赵逵 . 潜在的文化线路——"川盐古道" [J] . 华中建筑，2009 (3)：120-124.

[47] 赵逵，桂宇晖，杜海．试论川盐古道 [J]．盐业史研究，
2014(3)：161-169.

[48] 赵逵．川盐古道上的传统民居 [J]．中国三峡 2014(10)：
62-79.

[49] 赵逵．川盐古道上的传统聚落 [J]．中国三峡 2014(10)：
46-61.

[50] 赵逵．川盐古道上的盐业会馆 [J]．中国三峡 2014(10)：
80-90.

[51] 赵逵．川盐古道的形成与线路分布 [J]．中国三峡
2014(10)：28-45.

[52] 赵逵，张晓莉．江苏盐城安丰古镇 [J]．城市规划，
2015(12)：91-92.

[53] 赵逵，张晓莉．江苏盐城富安古镇 [J]．城市规划，
2017(6)：121-122.

[54] 赵逵，张晓莉．江西抚州浒湾古镇 [J]．城市规划，
2017(10)：55-56.

[55] 赵逵，刘乐，肖铭．湖北房县军店老街 [J]．城市规划，
2018(1)：69-70.

[56] 赵逵，张晓莉．淮盐运输线路及沿线城镇聚落研究 [J]．华
中师范大学学报：自然科学版，2019(3)：408-414.

[57] 赵逵，王特．长芦盐运线路上的聚落与建筑研究 [J]．智
能建筑与智慧城市，2019(11)：113-115.

[58] 赵逵，白梅．安徽省六安市毛坦厂古镇 [J]．城市规划，
2020(1)：4-5.

[59] 赵逵，张晓莉，王特．明清盐业经济作用下长芦海盐聚
落演变研究 [C]// 面向高质量发展的空间治理——2021
中国城市规划年会论文集（09 城市文化遗产保护）．北京：
中国建筑工业出版社，2021：22-29.

[60] 赵逵，程家璇．江西省九江市永修县吴城古镇 [J]．城市规划，2021(9)：55-56.
[61] 唐凌．论商业会馆碑刻资料的历史价值——基于 17 ～ 20 世纪广西经济移民活动的分析 [J]．广西民族研究，2011(4)：147-154.
[62] 侯宣杰．商人会馆与近代桂东北城镇的发展变迁 [J]．广西民族研究，2005(2)：187-194.
[63] 李刚，宋伦，高薇．论明清工商会馆的市场化进程——以山陕会馆为例 [J]．兰州商学院学报，2002(6)：73-76.
[64] WANG S，TAN P，LI L. On the inheritance of ancient architecture decoration in the residential construction of urbanization[J].International Journal of Technology Management，2014(12)：48-50.
[65] 农燕玲．百色粤东会馆对近代百色区域社会经济的影响 [J]．钦州学院学报，2007(6)：121-124.
[66] 张振辉，何炽立，陈玮璐．在岭南山水之间建造——以南海会馆为例探索当代文化公共建筑设计的地域性策略 [J]．南方建筑，2014(6)：121-125.
[67] 许檀．商人会馆碑刻资料及其价值 [J]．天津师范大学学报：社会科学版，2013(3)：15-19.
[68] 王日根．晚清至民国时期会馆演进的多维趋向 [J]．厦门大学学报：哲学社会科学版，2004(2)：79-86.
[69] 刘泳斯．地缘和血缘之间：祖神与“会馆”模式祠堂的建构 [J]．中央民族大学学报：哲学社会科学版，2010(1)：82-87.
[70] 罗淑宇．清代会馆的行规业律与商品经济的繁荣 [J]．经济研究导刊，2010(5)：241-243.

[71] 谢海琴，王春雷．苏北地区古民居屋顶装饰艺术探讨［J］．
徐州建筑职业技术学院学报，2007（1）：30-32.

[72] 欧阳文．徽州民居合院空间结构特征研究［J］．北京建筑
工程学院学报，2001（1）：90-94.

[73] WANG X H，HUANG R F，ZHENG H K，et al.
Quantitative analysis on measure results by resistograh for
wood decay of ancient architecture[J].Chinese Forestry
Science and Technology，2006（4）：16-22.

[74] LI Y Z.Dynamic culture reflected in ancient Chinese
architecture[J].China Week，2003（11）：9-12.